小城镇园林建设丛书
园林工程技术培训教材

园林制图与识图

吴戈军　主编

U0228679

化学工业出版社

·北京·

《园林制图与识图》注重理论与实践相结合，图文并茂，简明易懂。本书主要包括园林制图概述，投影原理，绘制点、直线和平面的投影，绘制体的投影，绘制轴测投影，绘制剖面图与断面图，绘制透视投影，园林造园组成要素，园林规划设计图，园林建筑施工图制图识图，园林给排水工程施工图识图，园林假山、水景施工图识图及园路、园桥工程施工图识图、计算机辅助园林制图等内容。

　　本书可作为各类高校园林技术及园林工程相关专业的专业教材，也可作为从事园林工程施工、园林规划设计等技术人员的参考资料。

图书在版编目（CIP）数据

　　园林制图与识图/吴戈军主编. —北京：化学工业出版社，2016.1（2020.2重印）
　　（小城镇园林建设丛书）
　　园林工程技术培训教材
　　ISBN 978-7-122-25641-6

　　Ⅰ.①园…　Ⅱ.①吴…　Ⅲ.①园林设计-建筑制图-技术培训-教材　Ⅳ.①TU986.2

　　中国版本图书馆 CIP 数据核字（2015）第 264822 号

责任编辑：袁海燕　　　　　　　　　文字编辑：吴开亮
责任校对：边　涛　　　　　　　　　装帧设计：关　飞

出版发行：化学工业出版社（北京市东城区青年湖南街 13 号　邮政编码 100011）
印　　装：北京七彩京通数码快印有限公司
850mm×1168mm　1/32　印张 10¾　字数 297 千字
2016 年 2 月北京第 1 版第 1 次印刷

购书咨询：010-64518888　　　　　　售后服务：010-64518899
网　　址：http://www.cip.com.cn
凡购买本书，如有缺损质量问题，本社销售中心负责调换。

定　　价：38.00 元

《园林制图与识图》
编写人员

主编
吴戈军

参编
邵　晶　齐丽丽　成育芳　李春娜　蒋传龙

王丽娟　邵亚凤　王红微　白雅君

前言

园林作为一种行业，才刚刚为社会广泛重视，发展空间还相当大。目前专业人才需求正朝着多层次和多样化方向发展，技术结构已经表现出由劳动密集型向技术密集型方向转变的趋势。关键的因素就是需要具有操作能力、管理能力、观察能力和解决问题能力的专业高等技术应用人才。在实际工作中，园林设计和施工技术人员需要利用工程图来表达设计意愿，交流技术思想，是指导生产施工等必须具备的基础知识和基本技能。为使读者能够更快更好地掌握园林制图与识图的相关知识，编写了此书。

《园林制图与识图》依据《风景园林制图标准》（CJJ/T 67—2015）、《总图制图标准》（GB/T 50103—2010）等规范编写。本书共十四章，内容主要包括园林制图概述，投影原理，绘制点、直线和平面的投影，绘制体的投影，绘制轴测投影，绘制剖面图与断面图，绘制透视投影，园林造园组成要素，园林规划设计图，园林建筑施工图制图识图，园林给排水工程施工图识图，园林假山、水景施工图识图及园路、园桥工程施工图识图，计算机辅助园林制图等内容。本书注重理论与实践相结合，图文并茂，简明易懂。

本书可作为各类高校园林技术及园林工程相关专业的专业教材，也可作为从事园林工程施工、园林规划设计的技术人员的参考资料。

本书编写过程中，尽管编写人员尽心尽力，但不当之处在所难免，敬请广大读者批评指正，以便及时修订与完善。

编者
2015 年 10 月

目录

1 园林制图概述 / 1

14 计算机辅助园林制图 / 273

园林制图概述

1.1 园林制图的标准

1.1.1 图纸幅面规格与图纸编排顺序

（1）图纸幅面

① 图纸幅面及框图尺寸应符合表 1-1 的规定及图 1-1 的格式。

表 1-1　幅面及图框尺寸　　　　单位：mm

尺寸代号＼幅面代号	A0	A1	A2	A3	A4
$b \times l$	841×1189	594×841	420×594	297×420	210×297
c			10		5
a			25		

注：表中 b 为幅面短边尺寸，l 为幅面长边尺寸，c 为图框线与幅面线间宽度，a 为图框线与装订边间宽度。

② 需要微缩复制的图纸，其一个边上应附有一段准确米制尺度，四个边上均附有对中标志，米制尺度的总长应为 100mm，分格应为 10mm。对中标志应画在图纸内框各边长的中点处，线宽 0.35mm，并应伸入内框边，在框外为 5mm。对中标志的线段，于 l_1 和 b_1 范围取中。

③ 图纸的短边尺寸不应加长，A0～A3 幅面长边尺寸可加长，但应符合表 1-2 的规定。

④ 图纸以短边作为垂直边应为横式，以短边作为水平边应为立式。A0～A3 图纸宜横式使用；必要时，也可立式使用。

⑤ 一个工程设计中，每个专业所使用的图纸，不宜多于两种幅面，不含目录及表格所采用的 A4 幅面。

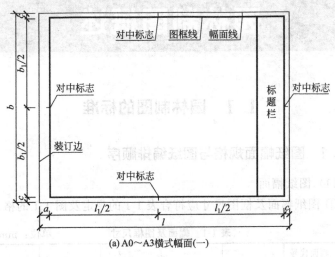

(a) A0～A3横式幅面(一)

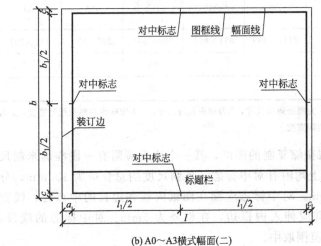

(b) A0～A3横式幅面(二)

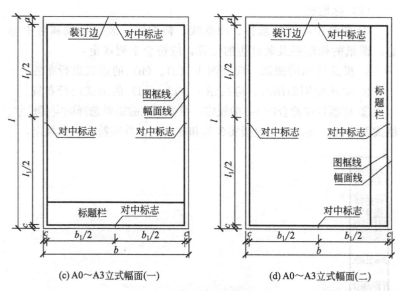

(c) A0～A3立式幅面(一)　　　　(d) A0～A3立式幅面(二)

图1-1　图纸的幅面格式

表1-2　图纸长边加长尺寸　　　单位：mm

幅面代号	长边尺寸	长边加长后的尺寸
A0	1189	1486(A0+1/4l)　1635(A0+3/8l)　1783(A0+1/2l) 1932(A0+5/8l)　2080(A0+3/4l)　2230(A0+7/8l) 2378(A0+l)
A1	841	1051(A1+1/4l)　1261(A1+1/2l)　1471(A1+3/4l) 1682(A1+l)　1892(A1+5/4l)　2102(A1+3/2l)
A2	594	743(A2+1/4l)　891(A2+1/2l)　1041(A2+3/4l) 1189(A2+l)　1338(A2+5/4l)　1486(A2+3/2l) 1635(A2+7/4l)　1783(A2+2l)　1932(A2+9/4l) 2080(A2+5/2l)
A3	420	630(A3+1/2l)　841(A3+l)　1051(A3+3/2l) 1261(A3+2l)　1471(A3+5/2l)　1682(A3+3l) 1892(A3+7/2l)

注：有特殊需要的图纸，可采用$b×l$为841mm×891mm与1189mm×1261mm的幅面。

（2）标题栏

① 图纸中应有标题栏、图框线、幅面线、装订边线和对中标志。图纸的标题栏及装订边的位置，应符合下列规定：

a. 横式使用的图纸，应按图 1-1(a)、(b) 的形式进行布置；

b. 立式使用的图纸，应按图 1-1(c)、(d) 的形式进行布置。

② 标题栏应符合图 1-2 的规定，根据工程的需要选择确定其尺寸、格式及分区。签字栏应包括实名列和签名列，并应符合下列规定：

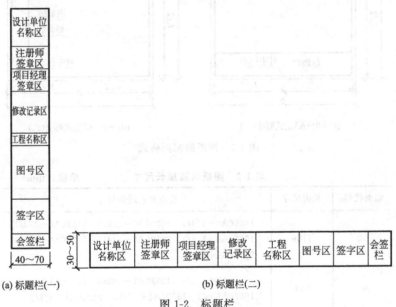

(a) 标题栏(一)　　　　　　　　　　　　　(b) 标题栏(二)

图 1-2　标题栏

a. 涉外工程的标题栏内，各项主要内容的中文下方应附有译文，设计单位的上方或左方，应加"中华人民共和国"字样；

b. 在计算机制图文件中当使用电子签名与认证时，应符合国家有关电子签名法的规定。

（3）图纸编排顺序

① 工程图纸应按专业顺序编排，应为图纸目录、总图、建筑图、结构图、给水排水图、暖通空调图、电气图等。

② 各专业的图纸，应按图纸内容的主次关系、逻辑关系进行

分类排序。

1.1.2 图线

① 图线的宽度 b，宜从 1.4、1.0、0.7、0.5、0.35、0.25、0.18、0.13mm 线宽系列中选取。图线宽度不应小于 0.1mm。每个图样，应根据复杂程度与比例大小，先选定基本线宽 b，再选用表 1-3 中相应的线宽组。

表 1-3　线宽组　　　　　　　　单位：mm

线宽比	线宽组			
b	1.4	1.0	0.7	0.5
0.7b	1.0	0.7	0.5	0.35
0.5b	0.7	0.5	0.35	0.25
0.25b	0.35	0.25	0.18	0.13

注：1. 需要缩微的图纸，不宜采用 0.18mm 及更细的线宽。

2. 同一张图纸内，各不同线宽中的细线，可统一采用较细的线宽组的细线。

② 工程建设制图应选用表 1-4 所示的图线。

表 1-4　图线

名称		线型	线宽	用途
实线	粗		b	主要可见轮廓线
	中粗		0.7b	可见轮廓线
	中		0.5b	可见轮廓线、尺寸线、变更云线
	细		0.25b	图例填充线、家具线
虚线	粗		b	见各有关专业制图标准
	中粗		0.7b	不可见轮廓线
	中		0.5b	不可见轮廓线、图例线
	细		0.25b	图例填充线、家具线
单点长画线	粗		b	见各有关专业制图标准
	中		0.5b	见各有关专业制图标准
	细		0.25b	中心线、对称线、轴线等

続表

名称		线型	线宽	用途
双点长画线	粗		b	见各有关专业制图标准
	中		$0.5b$	见各有关专业制图标准
	细		$0.25b$	假想轮廓线、成型前原始轮廓线
折断线	细		$0.25b$	断开界线
波浪线	细		$0.25b$	断开界线

③ 同一张图纸内，相同比例的各图样，应选用相同的线宽组。

④ 图纸的图框和标题栏线可采用表 1-5 的线宽。

表 1-5　图框线、标题栏的线宽　　　　单位：mm

幅面代号	图框线	标题栏外框线	标题栏分格线
A0、A1	b	$0.5b$	$0.25b$
A2、A3、A4	b	$0.7b$	$0.35b$

⑤ 相互平行的图例线，其净间隙或线中间隙不宜小于 0.2mm。

⑥ 虚线、单点长画线或双点长画线的线段长度和间隔，宜各自相等。

⑦ 单点长画线或双点长画线，当在较小图形中绘制有困难时，可用实线代替。

⑧ 单点长画线或双点长画线的两端，不应是点。点画线与点画线交接点或点画线与其他图线交接时，应是线段交接。

⑨ 虚线与虚线交接或虚线与其他图线交接时，应是线段交接。虚线为实线的延长线时，不得与实线相接。

⑩ 图线不得与文字、数字或符号重叠、混淆，不可避免时，应首先保证文字的清晰。

1.1.3　字体

① 图纸上所需书写的文字、数字或符号等，均应笔画清晰、字体端正、排列整齐；标点符号应清楚正确。

② 文字的字高应从表 1-6 中选用。字高大于 10mm 的文字宜

采用 True type 字体，若要书写更大的字，其高度应按 $\sqrt{2}$ 的倍数递增。

表 1-6　文字的字高　　　　　　单位：mm

字体种类	中文矢量字体	True type 字体及非中文矢量字体
字高	3.5、5、7、10、14、20	3、4、6、8、10、14、20

③ 图样及说明中的汉字，宜采用长仿宋体或黑体，同一图纸字体种类不应超过两种。长仿宋体的高宽关系应符合表 1-7 的规定，黑体字的宽度与高度应相同。大标题、图册封面、地形图等的汉字，也可书写成其他字体，但应易于辨认。

表 1-7　长仿宋字高宽关系　　　　　单位：mm

字高	20	14	10	7	5	3.5
字宽	14	10	7	5	3.5	2.5

④ 汉字的简化字书写应符合国家有关汉字简化方案的规定。

⑤ 图样及说明中的拉丁字母、阿拉伯数字与罗马数字，宜采用单线简体或 ROMAN 字体。拉丁字母、阿拉伯数字与罗马数字的书写规则，应符合表 1-8 的规定。

表 1-8　拉丁字母、阿拉伯数字与罗马数字的书写规则

书写格式	字体	窄字体
大写字母高度	h	h
小写字母高度（上下均无延伸）	$7/10h$	$10/14h$
小写字母伸出的头部或尾部	$3/10h$	$4/14h$
笔画宽度	$1/10h$	$1/14h$
字母间距	$2/10h$	$2/14h$
上下行基准线的最小间距	$15/10h$	$21/14h$
词间距	$6/10h$	$6/14h$

⑥ 拉丁字母、阿拉伯数字与罗马数字，当需写成斜体字时，其斜度应是从字的底线逆时针向上倾斜 75°。斜体字的高度和宽度

应与相应的直体字相等。

⑦ 拉丁字母、阿拉伯数字与罗马数字的字高，不应小于 2.5mm。

⑧ 数量的数值注写，应采用正体阿拉伯数字。各种计量单位凡前面有量值的，均应采用国家颁布的单位符号注写。单位符号应采用正体字母。

⑨ 分数、百分数和比例数的注写，应采用阿拉伯数字和数学符号。

⑩ 当注写的数字小于 1 时，应写出各位的"0"，小数点应采用圆点，齐基准线书写。

⑪ 长仿宋汉字、拉丁字母、阿拉伯数字与罗马数字示例应符合现行国家标准《技术制图字体》（GB/T 14691—1993）的有关规定。

1.1.4 比例

① 图样的比例，应为图形与实物相对应的线性尺寸之比。

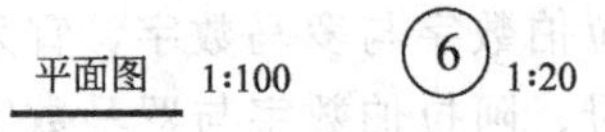

② 比例的符号应为"："，比例应以阿拉伯数字表示。

平面图　1:100　⑥ 1:20

图 1-3　比例的注写

③ 比例宜注写在图名的右侧，字的基准线应取平；比例的字高宜比图名的字高小一号或二号，如图 1-3 所示。

④ 绘图所用的比例应根据图样的用途与被绘对象的复杂程度，从表 1-9 中选用，并应优先采用表中的常用比例。

表 1-9　绘图所用的比例

常用比例	1：1、1：2、1：5、1：10、1：20、1：30、1：50、1：100、1：150、1：200、1：500、1：1000、1：2000
可用比例	1：3、1：4、1：6、1：15、1：25、1：40、1：60、1：80、1：250、1：300、1：400、1：600、1：5000、1：10000、1：20000、1：50000、1：100000、1：200000

⑤ 一般情况下，一个图样应选用一种比例。根据专业制图需要，同一图样可选用两种比例。

⑥ 特殊情况下也可自选比例，这时除应注出绘图比例外，还应在适当位置绘制出相应的比例尺。

1.1.5 符号

（1）剖切符号

① 剖视的剖切符号应由剖切位置线及剖视方向线组成，均应以粗实线绘制。剖视的剖切符号应符合下列规定：

a. 剖切位置线的长度宜为 6～10mm，剖视方向线应垂直于剖切位置线，长度应短于剖切位置线，宜为 4～6mm，如图 1-4（a）所示，也可采用国际统一和常用的剖视方法，如图 1-4（b）所示，绘制时，剖视剖切符号不应与其他图线相接触；

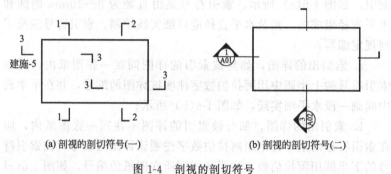

(a) 剖视的剖切符号(一) (b) 剖视的剖切符号(二)

图 1-4 剖视的剖切符号

b. 剖视剖切符号的编号宜采用粗阿拉伯数字，按剖切顺序由左至右、由下向上连续编排，并应注写在剖视方向线的端部；

c. 需要转折的剖切位置线，应在转角的外侧加注与该符号相同的编号；

d. 建（构）筑物剖面图的剖切符号应注在±0.000 标高的平面图或首层平面图上；

e. 局部剖面图（不含首层）的剖切符号应注在包含剖切部位的最下面一层的平面图上。

② 断面的剖切符号应符合下列规定：

a. 断面的剖切符号应只用剖切位置线表示，并应以粗实线绘制，长度宜为 6～10mm；

图 1-5　断面的剖切符号

b. 断面剖切符号的编号宜采用阿拉伯数字，按顺序连续编排，并应注写在剖切位置线的一侧，编号所在的一侧应为该断面的剖视方向，如图 1-5 所示。

③ 剖面图或断面图，当与被剖切图样不在同一张图内，应在剖切位置线的另一侧注明其所在图纸的编号，也可以在图上集中说明。

（2）索引符号与详图符号

① 图样中的某一局部或构件，如需另见详图，应以索引符号索引，如图 1-6(a) 所示。索引符号是由直径为 8～10mm 的圆和水平直径组成的，圆及水平直径应以细实线绘制。索引符号应按下列规定编写：

a. 索引出的详图，如与被索引的详图同在一张图纸内，应在索引符号的上半圆中用阿拉伯数字注明该详图的编号，并在下半圆中间画一段水平细实线，如图 1-6(b) 所示；

b. 索引出的详图，如与被索引的详图不在同一张图纸内，应在索引符号的上半圆中用阿拉伯数字注明该详图的编号，在索引符号的下半圆用阿拉伯数字注明该详图所在图纸的编号，如图 1-6(c) 所示，数字较多时，可加文字标注；

c. 索引出的详图，如采用标准图，应在索引符号水平直径的延长线上加注该标准图集的编号，如图 1-6(d) 所示，需要标注比例时，文字在索引符号右侧或延长线下方，与符号下对齐。

(a) 索引符号(一)　　(b) 索引符号(二)　　(c) 索引符号(三)　　(d) 索引符号(四)

图 1-6　索引符号

② 索引符号当用于索引剖视详图时，应在被剖切的部位绘制剖切位置线，并以引出线引出索引符号，引出线所在的一侧应为剖

视方向。索引符号的编写应符合上述第①条的规定，如图1-7所示。

③ 零件、钢筋、杆件、设备等的编号宜以直径为5～6mm的细实线圆表示，同一图样应保持一致，其编号应用阿拉伯数字按顺序编写，如图1-8所示。消火栓、配电箱、管井等的索引符号，直径宜为4～6mm。

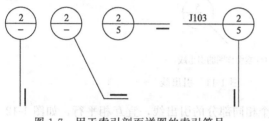

图1-7　用于索引剖面详图的索引符号

图1-8　零件、钢筋等的编号

④ 详图的位置和编号应以详图符号表示。详图符号的圆应以直径为14mm粗实线绘制。详图编号应符合下列规定：

a. 详图与被索引的图样同在一张图纸内时，应在详图符号内用阿拉伯数字注明详图的编号，如图1-9所示；

图1-9　与被索引图样同在一张　　图1-10　与被索引图样不在同一张
　　图纸内的详图符号　　　　　　　　图纸内的详图符号

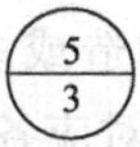

b. 详图与被索引的图样不在同一张图纸内时，应用细实线在详图符号内画一水平直径，在上半圆中注明详图编号，在下半圆中注明被索引的图纸的编号，如图1-10所示。

（3）引出线

① 引出线应以细实线绘制，宜采用水平方向的直线，与水平方向成30°、45°、60°、90°的直线，或经上述角度再折为水平线。文字说明宜注写在水平线的上方，如图1-11(a)所示，也可注写在水平线的端部，如图1-11(b)。索引详图的引出线，应与水平直径

线相连接，如图 1-11(c)。

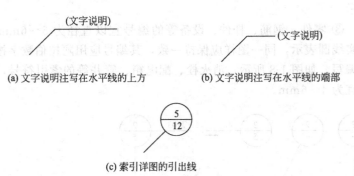

(a) 文字说明注写在水平线的上方   (b) 文字说明注写在水平线的端部

(c) 索引详图的引出线

图 1-11　引出线

② 同时引出的几个相同部分的引出线，宜互相平行，如图 1-12(a) 所示，也可画成集中于一点的放射线，如图 1-12(b) 所示。

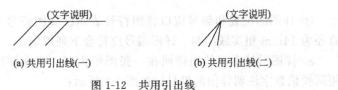

(a) 共用引出线(一)   (b) 共用引出线(二)

图 1-12　共用引出线

③ 多层构造或多层管道共用引出线，应通过被引出的各层，并用圆点示意对应各层次。文字说明宜注写在水平线的上方，或注写在水平线的端部，说明的顺序应由上至下，并应与被说明的层次对应一致；如层次为横向排序，则由上至下的说明顺序应与由左至右的层次对应一致，如图 1-13 所示。

(4) 其他符号

① 对称符号由对称线和两端的两对平行线组成。对称线用细单点长划线绘制；平行线用细实线绘制，其长度宜为 6～10mm，每对的间距宜为 2～3mm；对称线垂直平分于两对平行线，两端超出平行线宜为 2～3mm，如图 1-14 所示。

② 连接符号应以折断线表示需连接的部位。两部位相距过远时，折断线两端靠图样一侧应标注大写拉丁字母表示连接编号。两

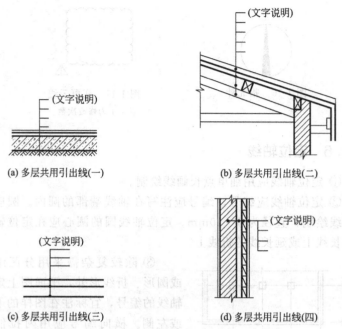

(a) 多层共用引出线(一)

(b) 多层共用引出线(二)

(c) 多层共用引出线(三)

(d) 多层共用引出线(四)

图 1-13　多层共用引出线

个被连接的图样应用相同的字母编号，如图 1-15 所示。

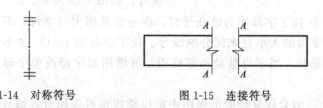

图 1-14　对称符号

图 1-15　连接符号

③ 指北针的形状符合图 1-16 的规定，其圆的直径宜为 24mm，用细实线绘制；指针尾部的宽度宜为 3mm，指针头部应注"北"或"N"字。需用较大直径绘制指北针时，指针尾部的宽度宜为直径的 1/8。

④ 对图纸中局部变更部分宜采用云线，并宜注明修改版次，如图 1-17 所示。

图 1-16　指北针

图 1-17　变更云线
注：1 为修改次数。

1.1.6　定位轴线

① 定位轴线应用细单点长画线绘制。

② 定位轴线应编号，编号应注写在轴线端部的圆内。圆应用细实线绘制，直径为 8～10mm。定位轴线圆的圆心应在定位轴线的延长线上或延长线的折线上。

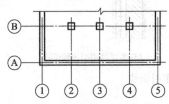

图 1-18　定位轴线的编号顺序

③ 除较复杂需采用分区编号或圆形、折线形外，平面图上定位轴线的编号，宜标注在图样的下方或左侧。横向编号应用阿拉伯数字，从左至右顺序编写；竖向编号应用大写拉丁字母，从下至上顺序编写，如图 1-18 所示。

④ 拉丁字母作为轴线号时，应全部采用大写字母，不应用同一个字母的大小写来区分轴线号。拉丁字母的 I、O、Z 不得用做轴线编号。当字母数量不够使用，可增用双字母或单字母加数字注脚。

⑤ 组合较复杂的平面图中定位轴线也可采用分区编号，如图 1-19 所示。编号的注写形式应为"分区号-该分区编号"。"分区号-该分区编号"采用阿拉伯数字或大写拉丁字母表示。

⑥ 附加定位轴线的编号，应以分数形式表示，并应符合下列规定：

a. 两根轴线的附加轴线，应以分母表示前一轴线的编号，分子表示附加轴线的编号。编号宜用阿拉伯数字顺序编写；

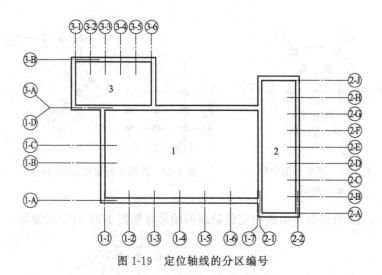

图 1-19　定位轴线的分区编号

b. 1 号轴线或 A 号轴线之前的附加轴线的分母应以 01 或 0A 表示。

⑦ 一个详图适用于几根轴线时，应同时注明各有关轴线的编号，如图 1-20 所示。

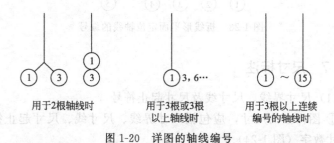

图 1-20　详图的轴线编号

⑧ 通用详图中的定位轴线，应只画圆，不注写轴线编号。

⑨ 圆形与弧形平面图中的定位轴线，其径向轴线应以角度进行定位，其编号宜用阿拉伯数字表示，从左下角或 −90°（若径向轴线很密，角度间隔很小）开始，按逆时针顺序编写；其环向轴线宜用大写阿拉伯字母表示，从外向内顺序编写，如图 1-21、图 1-22 所示。

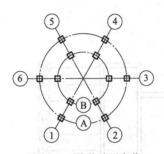

图 1-21　圆形平面定位
　　　　　轴线的编号

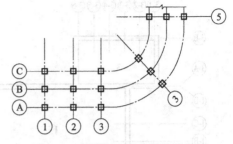

图 1-22　弧形平面定位轴线的编号

⑩ 折线形平面图中定位轴线的编号可按图 1-23 的形式编写。

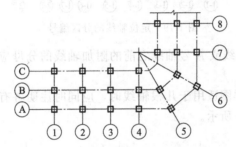

图 1-23　折线形平面定位轴线的编号

1.1.7　尺寸标注

（1）尺寸界线、尺寸线及尺寸起止符号

① 图样上的尺寸，应包括尺寸界线、尺寸线、尺寸起止符号和尺寸数字（图 1-24）。

② 尺寸界线应用细实线绘制，应与被注长度垂直，其一端应离开图样轮廓线不应小于 2mm，另一端宜超出尺寸线 2～3mm。图样轮廓线可用作尺寸界线（图 1-25）。

③ 尺寸线应用细实线绘制，应与被注长度平行。图样本身的任何图线均不得用作尺寸线。

④ 尺寸起止符号用中粗斜短线绘制，其倾斜方向应与尺寸界

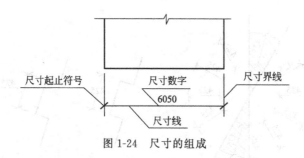

图 1-24　尺寸的组成

线成顺时针 45°角，长度宜为 2～3mm。半径、直径、角度与弧长
的尺寸起止符号，宜用箭头表示（图 1-26）。

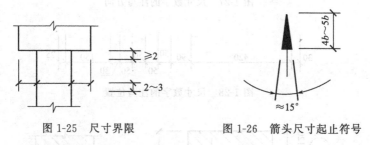

图 1-25　尺寸界限　　　　图 1-26　箭头尺寸起止符号

（2）尺寸数字

① 图样上的尺寸，应以尺寸数字为准，不得从图上直接量取。

② 图样上的尺寸单位，除标高及总平面以米为单位外，其他
必须以毫米为单位。

③ 尺寸数字的方向，应按图 1-27(a) 的规定注写。若尺寸数
字在 30°斜线区内，也可按图 1-27(b) 的形式注写。

④ 尺寸数字应依据其方向注写在靠近尺寸线的上方中部。如
没有足够的注写位置，最外边的尺寸数字可注写在尺寸界线的外
侧，中间相邻的尺寸数字可上下错开注写，引出线端部用圆点表示
标注尺寸的位置（图 1-28）。

（3）尺寸的排列与布置

① 尺寸宜标注在图样轮廓以外，不宜与图线、文字及符号等
相交（图 1-29）。

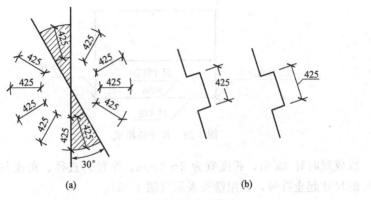

图 1-27 尺寸数字的注写方向

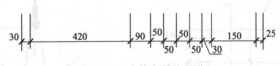

图 1-28 尺寸数字的注写位置

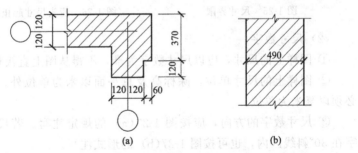

图 1-29 尺寸数字的注写

② 互相平行的尺寸线，应从被注写的图样轮廓线由近向远整齐排列，较小尺寸应离轮廓线较近，较大尺寸应离轮廓线较远（图 1-30）。

③ 图样轮廓线以外的尺寸界线，距图样最外轮廓之间的距离，不宜小于 10mm。平行排列的尺寸线的间距，宜为 7～10mm，并应保持一致（图 1-30）。

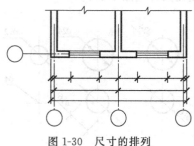

图 1-30 尺寸的排列

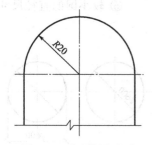

图 1-31 半径标注方法

④ 总尺寸的尺寸界线应靠近所指部位，中间的分尺寸的尺寸界线可稍短，但其长度应相等（图 1-30）。

（4）半径、直径、球的尺寸标注

① 半径的尺寸线应一端从圆心开始，另一端画箭头指向圆弧。半径数字前应加注半径符号"R"（图 1-31）。

② 较小圆弧的半径，可按图 1-32 形式标注。

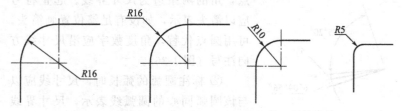

图 1-32 小圆弧半径的标注方法

③ 较大圆弧的半径，可按图 1-33 形式标注。

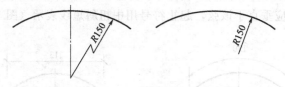

图 1-33 大圆弧半径的标注方法

④ 标注圆的直径尺寸时，直径数字前应加直径符号"φ"。在圆内标注的尺寸线应通过圆心，两端画箭头指至圆弧（图 1-34）。

⑤ 较小圆的直径尺寸，可标注在圆外（图1-35）。

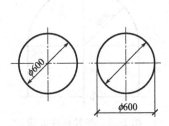

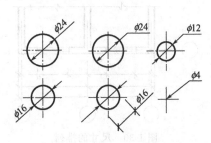

图1-34　圆直径的标注方法　　　　图1-35　小圆直径的标注方法

⑥ 标注球的半径尺寸时，应在尺寸前加注符号"SR"。标注球的直径尺寸时，应在尺寸数字前加注符号"Sφ"。注写方法与圆弧半径和圆直径的尺寸标注方法相同。

（5）角度、弧度、弧长的标注

① 角度的尺寸线应以圆弧表示。该圆弧的圆心应是该角的顶点，角的两条边为尺寸界线。起止符号应以箭头表示，如没有足够位置画箭头，可用圆点代替，角度数字应沿尺寸线方向注写（图1-36）。

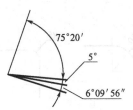

图1-36　角度标注方法

② 标注圆弧的弧长时，尺寸线应以与该圆弧同心的圆弧线表示，尺寸界线应指向圆心，起止符号用箭头表示，弧长数字上方应加注圆弧符号"⌒"（图1-37）。

③ 标注圆弧的弦长时，尺寸线应以平行于该弦的直线表示，尺寸界线应垂直于该弦，起止符号用中粗斜短线表示（图1-38）。

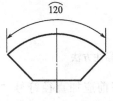

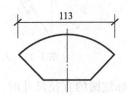

图1-37　弧长标注方法　　　　　　图1-38　弦长标注方法

(6) 薄板厚度、正方形、坡度、非圆曲线等尺寸标注

① 在薄板板面标注板厚尺寸时，应在厚度数字前加厚度符号"*t*"（图1-39）。

② 标注正方形的尺寸，可用"边长×边长"的形式，也可在边长数字前加正方形符号"□"（图1-40）。

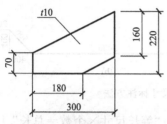

图1-39　薄板厚度标注方法

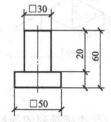

图1-40　标注正方形尺寸

③ 标注坡度时，应加注坡度符号"←"，如图1-41（a）、（b）所示，该符号为单面箭头，箭头应指向下坡方向。坡度也可用直角三角形形式标注，如图1-41（c）所示。

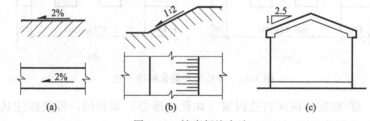

图1-41　坡度标注方法

④ 外形为非圆曲线的构件，可用坐标形式标注尺寸（图1-42）。

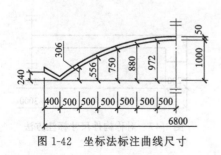

图1-42　坐标法标注曲线尺寸

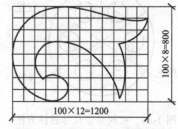

图1-43　网格法标注曲线尺寸

⑤ 复杂的图形，可用网格形式标注尺寸（图1-43）。

（7）尺寸的简化标注

① 杆件或管线的长度，在单线图（桁架简图、钢筋简图、管线简图）上，可直接将尺寸数字沿杆件或管线的一侧注写（图1-44）。

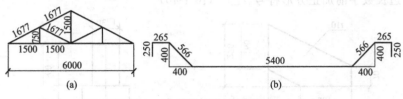

图1-44　单线图尺寸标注方法

② 连续排列的等长尺寸，可用"等长尺寸×个数＝总长"［图1-45(a)］，或"等分×个数＝总长"［图1-45(b)］的形式标注。

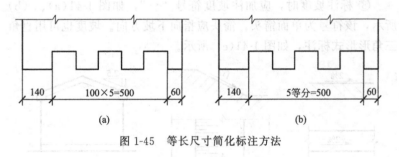

图1-45　等长尺寸简化标注方法

③ 构配件内的构造因素（如孔、槽等）如相同，可仅标注其中一个要素的尺寸（图1-46）。

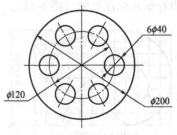

图1-46　相同要素尺寸标注方法

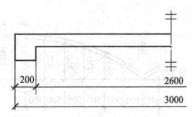

图1-47　对称构件尺寸标注方法

④ 对称构配件采用对称省略画法时，该对称构配件的尺寸线应略超过对称符号，仅在尺寸线的一端画尺寸起止符号，尺寸数字应按整体全尺寸注写，其注写位置宜与对称符号对齐（图1-47）。

⑤ 两个构配件，如个别尺寸数字不同，可在同一图样中将其中一个构配件的不同尺寸数字注写在括号内，该构配件的名称也应注写在相应的括号内（图1-48）。

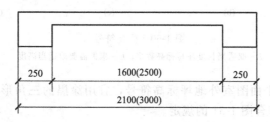

图1-48 相似构件尺寸标注方法

⑥ 数个构配件，如仅某些尺寸不同，这些有变化的尺寸数字，可用拉丁字母注写在同一图样中，另列表格写明其具体尺寸（图1-49）。

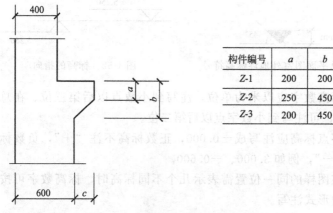

构件编号	a	b	c
Z-1	200	200	200
Z-2	250	450	200
Z-3	200	450	250

图1-49 相似构配件尺寸表格式标注方法

（8）标高

① 标高符号应以等腰直角三角形表示，按图1-50（a）所示形式用细实线绘制，当标注位置不够，也可按图1-50（b）所示形式

绘制。标高符号的具体画法应符合图 1-50(c)、（d）的规定。

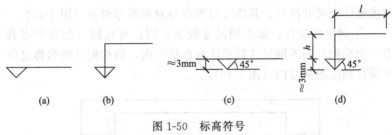

图 1-50　标高符号

l—取适当长度注写标高数字；h—根据需要取适当高度

②　总平面图室外地坪标高符号，宜用涂黑的三角形表示，具体画法应符合图 1-51 的规定。

③　标高符号的尖端应指至被注高度的位置。尖端宜向下，也可向上。标高数字应注写在标高符号的上侧或下侧，如图 1-52 所示。

图 1-51　总平面图室外地坪标高符号　　　图 1-52　标高的指向

④　标高数字应以米为单位，注写到小数点以后第三位。在总平面图中，可注写到小数字点以后第二位。

⑤　零点标高应注写成 ±0.000，正数标高不注"＋"，负数标高应注"－"，例如 3.000、－0.600。

⑥　在图样的同一位置需表示几个不同标高时，标高数字可按图 1-53 的形式注写。

图 1-53　同一位置注写多个标高数字

1.2 制图工具及其使用

1.2.1 图板、丁字尺、三角板

（1）图板

图板的功能是承托图纸进行工作，是制图最基本的工具。

图板的规格主要包括 0 号图板（1200mm×900mm）、1 号图板（900mm×600mm）、2 号图板（600mm×450mm）。

图板通常由胶合板制作而成，所以不可水洗和曝晒。其面板应保持光滑、平整，软硬适度。图板四周的木质边框要求平直，适合与丁字尺配合绘图，因此禁止在图板上乱刻乱画、加压重物。固定图纸时，用胶带纸将图纸的四个角粘贴在图板上，如图 1-54 所示。在图板上不可使用其他方法固定图纸。

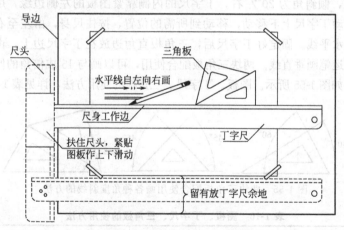

图 1-54 图板、丁字尺、三角板

图板的短边，称为工作边。当图纸固定后，以图板的左边为导边，在绘图过程中不得再变换工作边。

（2）丁字尺

丁字尺一般用有机玻璃制成，用来画水平线。它由尺头和尺身组成。尺头与尺身固定成90°角，如图1-24所示。使用丁字尺画线时，尺头应紧靠图板左边，以左手扶尺头，使尺上下移动。要先对准位置，再用左手压住尺身，然后画线。切勿图省事推动尺身，使尺头脱离图板工作边，也不能将丁字尺靠在图板的其他边画线。特别应注意保护丁字尺的工作边，保证其平直、光滑，不能用小刀靠住尺身切割纸张。

（3）三角板

一副三角板有两块，一块是45°等腰直角三角形，另一块是两锐角分别为30°和60°的直角三角形。三角板的大小规格较多，绘图时应灵活选用。一般宜选用板面略厚、两直角边有斜坡、边上有刻度的三角板。

（4）图板、丁字尺、三角板的使用方法

图板、丁字尺和三角板通常是配合使用的，丁字尺主要用来画水平线，而三角板和丁字尺配合使用，可以画铅垂线、15°、30°、45°、60°、75°等斜线及这些线的平行线。使用时，图板可与水平面倾斜，倾斜角为20°左右。丁字尺的内侧靠紧图板的左侧边缘，用左手推动丁字尺上下移动，移动到所需的位置，按住尺身，由左至右运笔画水平线。固定好丁字尺后，三角板直角边放在丁字尺边上，由下至上运笔画垂直线。两块三角板配合使用，可以画与15°成倍角的倾斜线，如图1-55所示。图板、丁字尺、三角板的使用方法，详见表1-10。

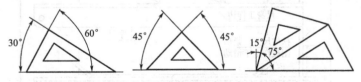

图 1-55　两块三角板配合使用画各种角度斜线的方法

表 1-10　图板、丁字尺、三角板的使用方法

使用说明	正确图示	错误图示
图板可与水平面倾斜，倾斜角为20°左右	20°	角度过大

使用说明	正确图示	错误图示
用左手将丁字尺的内侧贴紧图板的左侧边缘	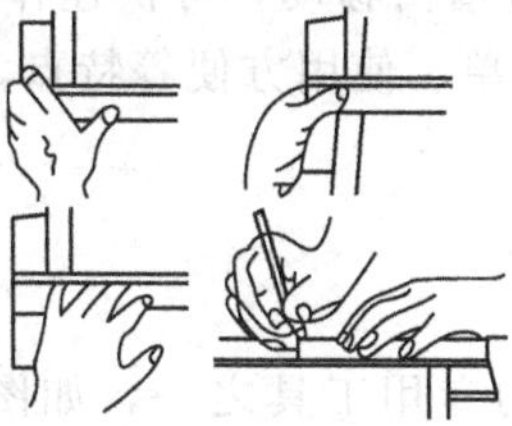	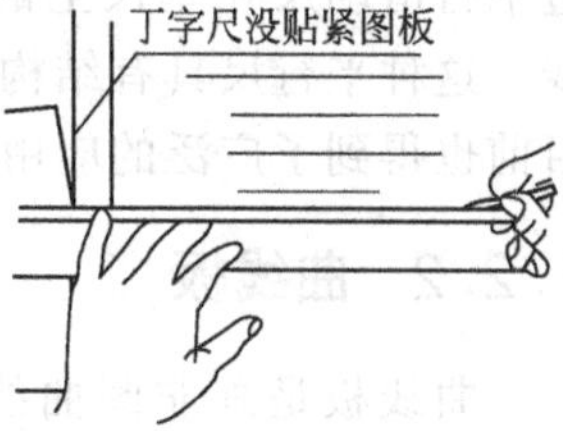 丁字尺没贴紧图板
用左手推动丁字尺上下移动,移动到所需的位置,按住尺身,由左至右运笔画水平线	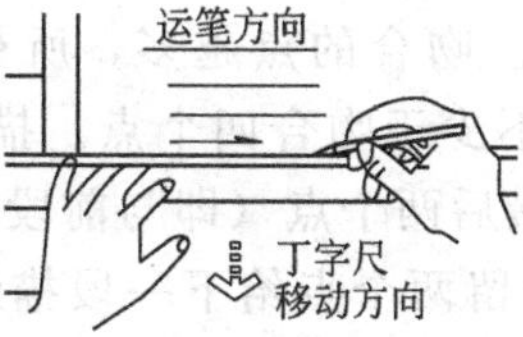 运笔方向　丁字尺移动方向	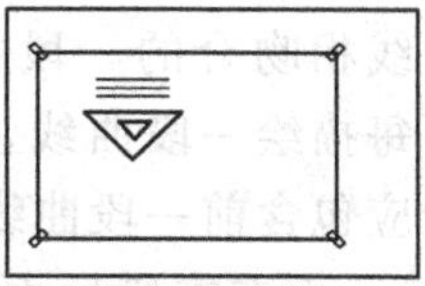 不得直接用三角板画水平线
固定好丁字尺后,三角板直角边放在丁字尺边上,由下至上运笔画垂直线	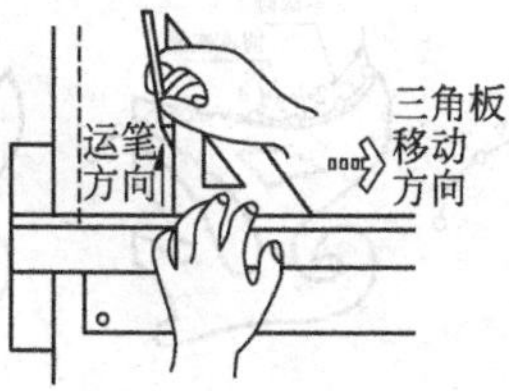 运笔方向　三角板移动方向	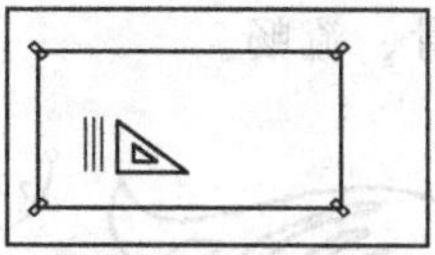 不得直接用三角板画垂直线 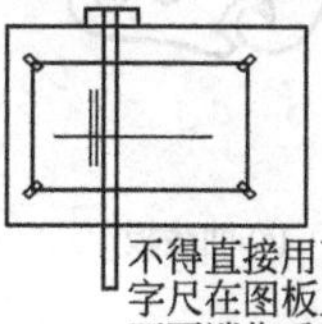 不得直接用丁字尺在图板上下两端作垂线
固定丁字尺,三角直角边放在丁字尺边上,由下至上运笔画斜线。向右移动三角板,画平行线	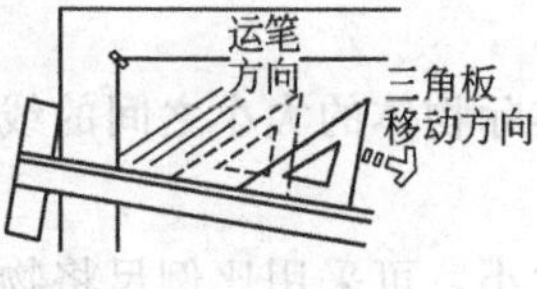 运笔方向　三角板移动方向	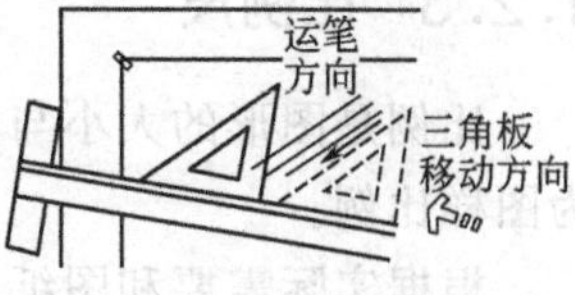 运笔方向　三角板移动方向

　　还可用平行尺代替丁字尺与图板和三角板配合。平行尺有几种不同的形式。一种平行尺,包括固定直尺、平行滑动尺和垂尺,垂

尺固定在固定直尺的两端，平行滑动尺与垂尺连接，垂尺上设有滑槽，平行滑动尺的两端固定在滑槽上。由于采用上述结构，所以通过平行滑动尺在垂尺上的滑槽内移动，可快速作出平行线及垂直线。这种平行尺具有结构简单、使用方便等特点，作图效率更高，目前也得到了广泛的应用。

1.2.2 曲线板

曲线板是画非圆曲线的专用工具之一，如图1-56（a）所示。使用曲线板时，应根据曲线的弯曲趋势，从曲线板上选取与所画的曲线相吻合的一段描绘。吻合的点越多，所得曲线也就越光滑。每描绘一段曲线，应不少于吻合四个点。描绘每段曲线时，至少应包含前一段曲线的最后两个点（即与前段曲线应重复的一小段），而在本段后面至少留两个点给下一段描绘（即与后段曲线重复一小段），如图1-56（b）所示，这样才能保证连接的曲线光滑、流畅。

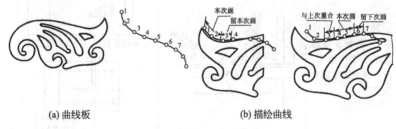

(a) 曲线板　　　　　　　　　　(b) 描绘曲线

图1-56　曲线板与曲线的重合

1.2.3 比例尺

比例是图形的大小与实际物体的大小之间的线性尺寸之比，称为图样比例。

根据实际需要和图纸大小，可采用比例尺将物体按比例缩小或放大绘成图样。常见的比例尺为三棱尺，如图1-57（a）所示。三棱尺上有6种比例刻度，一般分为1∶100、1∶200、1∶300、1∶400、1∶500、1∶600等。也有比例尺是直尺形状的，称为比例直尺，如图 1-57(b) 所示。它有一行刻度和三行数字，分别表示 1∶100、1∶200 和 1∶500 等比例。比例尺上的数字以 m 为单位。

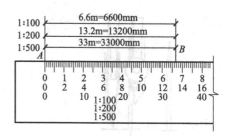

(a) 三棱比例尺   (b) 比例直尺

图 1-57　比例尺

采用比例尺直接度量尺寸，尺上的比例应与图样上的比例相同，其尺寸不用通过计算可直接读出。若已知图形的比例是 1∶500，想知道图上的线段 AB 的实长，就可以用比例尺上 1∶500 的刻度量。将刻度上的零点对准点 A，而点 B 在刻度 33 处，则可读的线段 AB 的长度为 33，即 33m。1∶500 的刻度还可作为 1∶5，1∶50 和 1∶5000 的比例使用。若比例改为 1∶5 时，读数应为 33×5/500m＝0.33m；比例改为 1∶50 时，33×50/500m＝3.3m；比例改为 1∶5000 时，则为 33×5000/500m＝330m。

比例尺仅用来度量尺寸，不可以用来画线。

1.2.4　圆规与分规

（1）圆规

圆规是用来画圆或圆弧的工具。圆规固定腿上的钢针包括带台阶的和带锥形的两种不同形状的尖端。带台阶的尖端是画圆或圆弧时定心用的，带锥形的尖端可作分规使用。活动腿上具有肘形关节，以便更换插脚，例如铅芯插脚、鸭嘴插脚和作分规用的锥形钢针插脚。画图时，要注意调整钢针在固定腿上的位置，使两脚在并拢时钢针略长于铅芯而可插入图板内，如图 1-58(a) 所示；再将圆规按顺时针方向旋转，并稍向前倾斜，且要保证针脚和铅芯均垂直于纸面，如图 1-58(b) 所示。

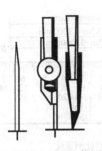
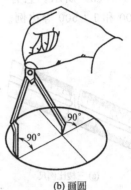

(a) 钢针在固定腿上的位置   (b) 画圆

图 1-58 圆规及其使用

(2) 分规

分规是用来等分和量取线段的工具。使用前，应检查分规两脚的针尖并拢后是否平齐，如图 1-59(a) 所示。用分规等分线段的用法，如图 1-59(b) 所示。

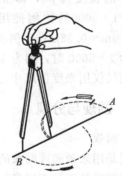

(a) 针尖并拢应平齐   (b) 用分规等分线段的用法

图 1-59 分规及其使用

1.2.5 绘图笔

绘图笔与普通自来水笔类似，带有吸水和储水结构，如图 1-60所示。绘图笔的笔尖是一支细针管。笔尖的口径有多种规格，例如

0.1mm、0.3mm、0.6mm、0.9mm、…、1.2mm，绘图时按线型粗细选用。使用绘图笔绘图时，笔杆沿画线方向倾斜于纸面70°左右。

图 1-60　绘图笔

运笔速度不宜过快，自左向右画线，不可反向画，以免纸上纤维堵塞笔尖管孔。每次用毕一定要冲洗笔尖，免得针管孔被干涸后的墨水堵塞。

1.2.6　图纸

图纸分为绘图纸与描图纸两种。

① 绘图纸常用于绘制底图或铅笔图，要求纸面洁白、质地厚实、用橡皮擦拭不起毛、幅面符合国家标准。

② 描图纸即硫酸纸，要求透明度好、有柔性，常用于描图。

1.2.7　铅笔

绘图铅笔的铅芯有软、硬之分，分别以"B"和"H"来表示。"B"数值越大，铅芯越软，画出的图线越黑；"H"数值越大，铅芯越硬，画出的图线越淡。"HB"表示铅芯软硬适中。画图时，一般用"2H"铅笔打底稿，用"HB"铅笔写字、画箭头，用"2B"铅笔加深图线。画底稿线、细线和写字时，铅笔应削成锥形头部，如图 1-61（a）所示。加深粗实线的铅笔应削成铲形头部，如

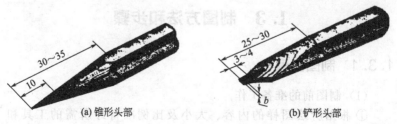

(a) 锥形头部　　　　　　　　　　(b) 铲形头部

图 1-61　绘图铅笔

图 1-61(b) 所示。

1.2.8 模板

模板是用来绘制各种标准图例和书写数字、字母及符号的辅助工具。使用模板可以很方便地绘制各种规格的平面几何图形，书写各种规范的数字及阿拉伯字母。模板上刻有一定比例的标准图例和符号（例如柱、墙、详图索引符号、标高符号、各种几何图形等），如图 1-62 所示。

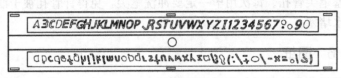

(a) 数字模板

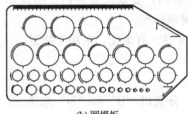

(b) 圆模板

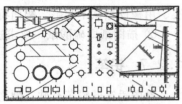

(c) 建筑模板

图 1-62 模板

绘图时，除了上述工具外，还需准备其他一些用品，例如削铅笔刀、胶带、橡皮、擦图片以及小刷子等。

1.3 制图方法和步骤

1.3.1 制图步骤

（1）制图前的准备工作

① 根据所绘图样的内容、大小及比例准备好所需的工具和仪器。

② 选定图纸的幅面大小，并且固定于图板的左下方，图纸距图板底边应当有一个丁字尺的距离。

（2）绘制底图

① 用稍硬的铅笔（H 或 2H）绘制底图，先画图框线、标题栏及会签栏。

② 合理布置图面，综合考虑标注尺寸及文字说明的位置，定出图形的中心线或外框线。

③ 画图形的定位轴线，然后再画主要轮廓线，最后画细部。

④ 画尺寸线、尺寸界线及其他符号。

⑤ 仔细检查，擦去多余的线条，完成全图底稿。

（3）加深图线或上墨

铅笔线宜用较软的铅笔 B～3B 加深或加粗。

① 先加深图形，然后加深图框和标题栏。

② 先粗后细，先上后下，先左后右，先曲线后直线，先水平线段后垂直及倾斜线段。

③ 同类型、同规格、同方向的图线可以集中画出。

④ 画起止符号，填写尺寸数字、标题栏及其他说明。

⑤ 仔细核对、检查并修改已完成的图纸。

需长期保存的图均要上墨，上墨常用针管笔（鸭嘴笔）来完成，在上墨时应注意所绘图样的准确和图面的清洁。

（4）图样复制

如果所绘制的图样需要复制的份数较多，通常都是先在硫酸纸上描出底图，然后用晒图机复制，所复制的图样称之为蓝图，图上的墨线要求自然干燥。

1.3.2 几何制图

1.3.2.1 平行线和垂线

用两个三角板可过定点作已知直线的平行线或垂线，如图 1-63 所示。

（1）作直线的平行线　已知直线 AB 及点 F，作过点 F 且平行于 AB 的直线。

① 使一个三角板的一边与直线 AB 重合。

② 采用丁字尺或另一个三角板紧靠三角板的另一边，移动第一个三角板到点 F，过 F 画直线，即为 AB 的平行线，如图 1-63（a）所示。

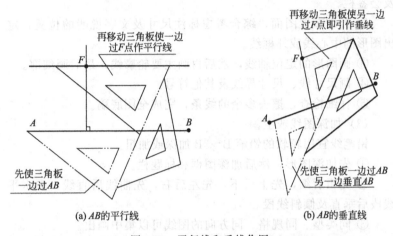

(a) AB 的平行线　　　　(b) AB 的垂直线

图 1-63　平行线和垂线作图

（2）作直线的垂直线　已知直线 AB 及点 F，作过点 F 且垂直 AB 的直线。

① 使一个三角板的一条直角边和直线 AB 重合。

② 采用丁字尺或另一个三角板紧靠三角板的斜边，移动第一个三角板，使其另一直角边过点 F 并画直线，即 AB 的垂直线，如图 1-63（b）所示。

1.3.2.2　等分圆周作正多边形

（1）正五边形作图　已知一圆，如图 1-64 所示，下面用圆规等分圆周作正五边形。

① 平分半径 OM 得 O_1，以点 O_1 为圆心，以 O_1A 为半径画弧，交 ON 于点 O_2。

② 以 O_2A 为弦长，自 A 点起在圆周上依次截取得各等分点。

③ 顺序连接各等分点 A、B、C、D、E，即得正五边形。

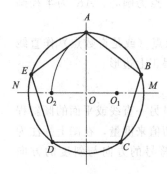

图 1-64　正五边形作图

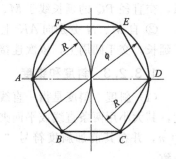

图 1-65　用圆规直接等分圆作正六边形

（2）正六边形作图　如图 1-65、图 1-66 所示。

已知一圆，如图 1-65 所示，下面用圆规等分圆周作正六边形。

① 先作一个圆，如图 1-65 所示，以 A 点为圆心，以半径 R 为半径画弧，交圆于 B、F 两点。以 D 点为圆心，以半径 R 为半径画弧，交圆于 C、E 两点。

② 按顺序连接 A、B、C、D、E、F 点，即可得正六边形，如图 1-65 所示。

除用圆规外，还可用丁字尺和三角板绘制出正六边形。绘图方法如图 1-66 所示。

（3）任意等分圆周和作正 n 边形（如正七边形）　如图 1-67 所示。

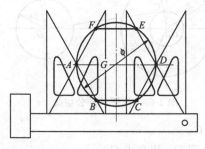

图 1-66　用三角板和丁字尺等分
圆作正六边形

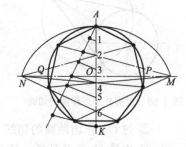

图 1-67　任意等分圆周和
作正 n 边形

① 将已知的直径 AK 七等分。以 K 点为圆心，AK 为半径画弧，交直径 PQ 的延长线于 M、N。

② 自 M、N 分别向 AK 上的各偶数点（或是奇数点）作直线并延长，交于圆周上，依次连接各点，得正七边形。

1.3.2.3　斜度和锥度

（1）斜度　斜度是指一直线或平面对另一直线或平面的倾斜程度，其大小用两条直线或平面夹角的正切值来度量，在图上标注为 $1:n$，并在其前加斜度符号"∠"，且符号的方向与斜度的方向一致。

（2）锥度　锥度是指正圆锥体底圆的直径与其高度之比或圆锥台体两底圆直径之差与其高度之比。在图样上标注锥度时，用 $1:n$ 的形式，并在前加锥度符号"▷"，符号的方向与锥度方向保持一致。

1.3.2.4　圆的切线

（1）过圆外一点作圆的切线　如图 1-68 所示。

① 连接 OA，以 OA 为直径作圆，与已知圆交于 C_1、C_2。

② 分别连接 AC_1、AC_2，即所求的切线。

（2）作两圆的外公切线　如图 1-69 所示。

① 以 O_2 为圆心，R_2-R_1 为半径作辅助圆。

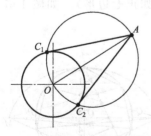

图 1-68　过圆外一点作圆的切线

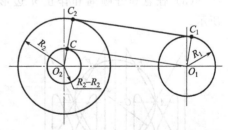

图 1-69　两圆的外公切线

② 过 O_1 作辅助圆的切线 O_1C。

③ 连接 O_2C 并延长，使其与圆 O_2 相交于 C_2。

④ 过 O_1 作 O_2C_2 的平行线。

⑤ 连接 C_1C_2，即两圆的外公切线。

（3）作两圆的内公切线　如图 1-70 所示。

① 以 O_1O_2 为直径作辅助圆。

② 以 O_1 为圆心，R_2+R_1 为半径作圆弧，与辅助圆相交于 K 点。

③ 连接 O_1K 与圆 O_1 相交于 C_1 点。

④ 过 O_2 作 O_1C_1 的平行线 O_2C_2。

⑤ 连接 C_1C_2，即为两圆的内公切线。

（4）圆弧的连接

① 用半径为 R 的圆弧连接两条已知直线，如图 1-71 所示。

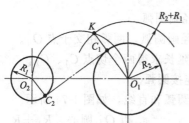

图 1-70　两圆的内公切线

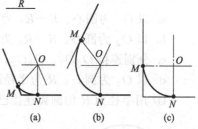

图 1-71　圆弧连接两已知直线

a. 作两条辅助线分别与两已知直线平行且相距 R，两辅助线交于点 O，即为连接圆弧的圆心。

b. 由点 O 分别向两已知直线作垂线，分别得到垂足 M、N，垂足即切点。

c. 以点 O 为圆心、R 为半径画连接圆弧。

② 用半径为 R 的圆弧连接两已知圆弧（外切），如图 1-72 所示。

a. 以 O_1 为圆心、R_1+R 为半径画圆弧，以 O_2 为圆心、R_2+R 为半径画圆弧，两圆弧相交于点 O_3。

b. 分别连接 O_1O_3、O_2O_3，分别与圆 O_1、圆 O_2 相交于 C_1、C_2 点，即两个切点。

c. 以 O_3 为圆心、R 为半径画连接圆弧。

③ 用半径为 R 的圆弧连接两已知圆弧（内切），如图 1-73 所示。

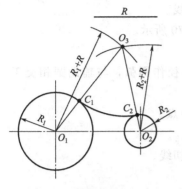

图 1-72　圆弧连接两已知
圆弧（外切）

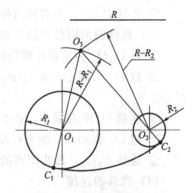

图 1-73　圆弧连接两已知
圆弧（内切）

a. 以 O_1 为圆心、$R-R_1$ 为半径画圆弧。

b. 以 O_2 为圆心、$R-R_2$ 为半径画圆弧，两弧相交于点 O_3。

c. 分别连接 O_3O_1、O_3O_2，并延长求得两个切点 C_1、C_2。

d. 以 O_3 为圆心、R 为半径画连接圆弧。

④ 用半径为 R 的圆弧连接已知圆弧和直线，如图 1-74 所示。

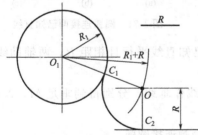

图 1-74　连接已知圆弧和直线

a. 以 O_1 圆心、R_1+R 为半径作圆弧。

b. 作与已知直线平行且相距为 R 的直线，与圆弧相交于 O 点。

c. 连接 O_1O，求得与已知圆弧的切点 C_1。

d. 由 O 向已知直线作垂线，求得与已知直线的切点 C_2。

e. 以 O 为圆心、R 为半径画连接圆弧。

1.3.3　徒手画图

1.3.3.1　执笔与运笔

执笔的手势和运笔的方向，如图 1-75 所示。

画垂直线应自上至下，与用仪器画恰恰相反

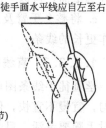

徒手画水平线应自左至右

画垂直线的支转点

画水平线的支转点(转动腕关节)

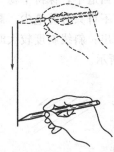

画垂直长线和水平长线时，小指指尖靠在图纸上
轻轻滑动，手腕关节不宜转动

图 1-75　运笔方向及手势

（1）在徒手绘图时，拿笔和运笔应当以下几点。

① 目测准确而肯定，目、手配合自然而准确。

② 执笔稳而轻松，起落轻而巧妙，运笔匀而灵活。

（2）徒手绘图应当注意以下几点。

① 拿笔的位置要高一些，以利目测控制方向。

② 起落动作要轻，起落笔要肯定、准确，有明确的始止，以达线条起止整齐。下笔笔杆垂直纸面，并略向运动方向倾斜，方便笔在纸上滑动，便于行笔。

③ 在运笔时，根据线条深浅要求用力；注意行笔自然流畅、灵活；线条间断及起止要清楚利索，不要含糊；驳接短线条，中间深两端淡；表示不同层次，要达到整齐而均匀地连接。

④ 运笔中的支撑点包括以下三种情况：

a. 以手掌一侧或小指关节与纸面接触的部分作为支撑点，适合于作较短的线条，如果线条较长，需分段作，每段之间可断开，以免搭接处变粗。

b. 以肘关节作为支撑点，靠小臂和手腕运动，并辅以小指关节轻触纸面，可以一次作出较长的线条。

c. 将整个手臂及肘关节腾空或辅以肘关节或小指关节轻触纸面作更长的线条。

1.3.3.2 直线的画法

学画徒手线条图可以从简单的直线练习开始。运笔速度应保持均匀，宜慢不宜快，停顿干脆。用笔力量应当适中，保持平稳。运笔时手腕要灵活，目光应当注视线的端点，不可只盯着笔尖。画水平线应当自左至右画出；垂直线自上而下画出；斜线斜度较大时可自左向右下或自右向左下画出，如图1-76所示。

图1-76 直线的基本画法

画直线时，可以先标出直线的两端点，在两点之间先画一些短线，再连成一条直线。

在画水平线和垂直线时，宜以纸边为基线，在画线时视点距图面略放远些，以放宽视面，并随时以基线来校准。

如果画等距平行线，应当先目测估出每格的间距，如图1-77所示。

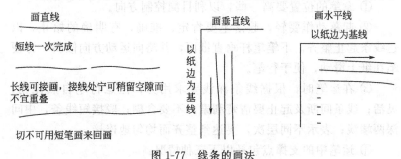

图1-77 线条的画法

1.3.3.3 常用角度的画法

画45°、30°、60°等常用角度，可以根据两直角边的比例关系，在两直角边上定出两点，然后连接而成，如图1-78所示。

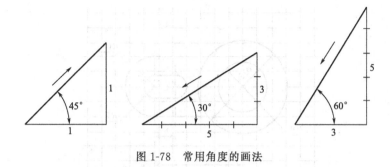

图 1-78　常用角度的画法

1.3.3.4　圆的画法

画圆可以先用笔在纸上顺一定方向轻轻画圆圈，然后按照正确的圆加深。在画小圆时，先作十字线，定出半径位置，然后按照四点画圆，如图 1-79(a) 所示。画大圆时除十字线外还要加 45°线，定出半径位置。作短弧线，然后连各短弧线成圆，如图 1-79(b) 所示。

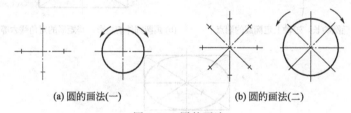

(a) 圆的画法(一)　　　　(b) 圆的画法(二)

图 1-79　圆的画法

尺寸较为复杂的平面圆形，在画徒手草图时应当尽量利用方格纸上的线条和方格子的对角线，分析圆形的大小比例，特别是各部分、集合元素的大小及位置，尽可能做到大致符合比例，应当有意识地培养自己的目测能力，如图 1-80 所示。

1.3.3.5　椭圆的画法

根据椭圆的长短轴，目测定出其端点的位置，过四个端点画一矩形，徒手作椭圆与此矩形相切，如图 1-81 所示。

1.3.3.6　对称图形的画法

凡是对称图形，均应先画对称轴线，例如画山墙立面时，先画

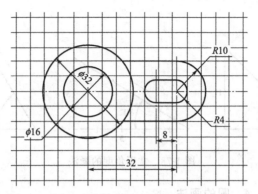

图 1-80　复杂平面圆形的画法

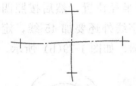

(a) 在椭圆的长、短轴上定椭圆的端点

(b) 画椭圆外切矩形,将矩形的对角线六等分

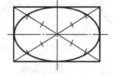

(c) 过长、短轴端点和对角线靠外等分点画椭圆

图 1-81　椭圆的画法

中轴线,再画山墙矩形,然后在中轴线上点出山墙尖高度,画出坡度线,最后加深各线,如图 1-82 所示。

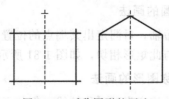

图 1-82　对称图形的画法

思 考 题

1. 园林制图都有哪些注意事项？
2. 绘图笔都有哪些种类？
3. 园林制图中应该如何绘制底图？
4. 几何制图都有哪些优点？
5. 徒手画图时应该注意哪些问题？
6. 一般制图可以分为哪些步骤？

投影原理

2.1 投影的基本知识

2.1.1 投影的概念

把产生光线的光源称为投射中心，光线称为投射线，承受落影的平面叫作投影面，物体的外轮廓在投影面上产生的影子称为该物体的投影图，又称投影，如图 2-1 所示。

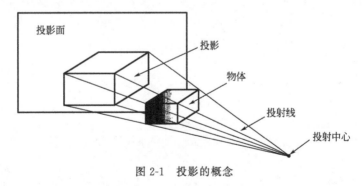

图 2-1 投影的概念

2.1.2 投影的分类

2.1.2.1 中心投影法

当所有投射线都通过投射中心时，这种对形体进行投影的方法称为中心投影法，如图 2-2 所示。用中心投影法所得到的投影称为中心投影。由于中心投影法的各投射线对投影面的倾角不同，因而得到的投影与被投影对象在形状和大小上有着比较复杂的关系。

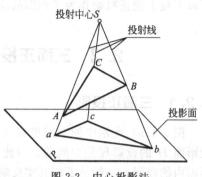

图 2-2　中心投影法

2.1.2.2　平行投影法

若将投射中心移向无穷远处，则所有的投射线变成互相平行，这种对形体进行投影的方法称为平行投影法，如图 2-3 所示。平行投影法又分为斜投影法和正投影法两种。

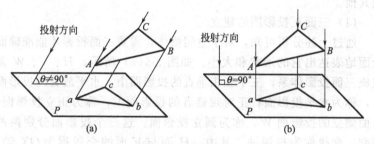

(a)　　　　　　　　(b)

图 2-3　平行投影法

1）斜投影法　平行投影法中，当投射线倾斜于投影面时，这种对形体进行投影的方法称为斜投影法，如图 2-3(a) 所示。用斜投影法所得到的投影称为斜投影。由于投射线的方向以及投射线与投影面的倾角 θ 有无穷多种情况，故斜投影也可绘出无穷多种；但当投射线的方向和 θ 一定时，其投影是唯一的。

2）正投影法　平行投影法中，当投射线垂直于投影面时，这种对形体进行投影的方法称为正投影法，如图 2-3(b) 所示。用正投影法所得到的投影称为正投影。由于平行投影是中心投影的特殊情况，而正投影又是平行投影的特殊情况，因而它的规律性较强，所以工程上把正投影作为工程图的绘图方法。

2.2　三面正投影及其规律

2.2.1　三面正投影

图 2-4(a) 所示中的空间里有三个不同的形体，它们在同一个投影面 H 的投影却是相同的。因此，在正投影中，形体在一个投影面内的投影，一般是不能真实反映空间物体的形状和大小的。在图 2-4(b) 中，形体 A 用两个投影还不能唯一确定它的形状，因为形体 A 与形体 B 的 H、V 面投影相同。这意味着用形体 A 的 H、V 面投影来确定它的形状是不够的。从图 2-4(c) 所示中可以看出，形体 A 的 H、V、W 投影所确定的形体是唯一的，不可能是 B、C 或其他。

(1) 三面正投影图的建立

通过上述分析可知，对于空间物体，需要三面投影才能准确而全面地表达出它的形状和大小。如图 2-5(a) 所示，H、V、W 面组成三面投影体系，三个互相垂直的投影面中，水平放置的投影面 H，称为水平投影面；正对观察者的投影面 V，称为正立投影面；右面侧立的投影面 W，称为侧立投影面。这三个投影面分别两两相交，交线称为投影轴。其中，H 面与 V 面的交线称为 OX 轴；H 面与 W 面的交线称为 OY 轴；V 面与 W 面的交线称为 OZ 轴。不难看出，OX 轴、OY 轴、OZ 轴是三条相互垂直的投影轴。三个投影面或三个投影轴的交点 O，称为原点。将形体放置于三面投影体系中，按正投影原理向各投影面投影，即可得到形体的水平投影（或 H 投影）、立面投影（或 V 投影）、侧面投影（或 W 投影），如图 2-5(b) 所示。

(2) 三面正投影的展开

按照上述方法在三个互相垂直的投影面中画出形体的三面投影图分别在 H 面、V 面、W 面三个平面上，为了方便作图和阅读图样，实际作图时需将形体的三个投影表现在同一平面上，这就需要

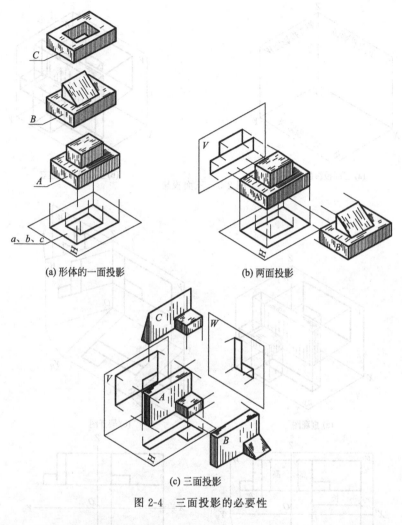

(a) 形体的一面投影

(b) 两面投影

(c) 三面投影

图 2-4　三面投影的必要性

　　将三个互相垂直的投影面展开在一个平面上，即三面投影图的展开。展开三个投影面时，规定正立投影面 V 固定不动，将水平投影面 H 绕 OX 轴向下旋转 $90°$，将侧立投影面 W 绕 OZ 轴旋转 $90°$，如图 2-6(b) 所示。这样，三个投影面位于一个平面上，形体的三个投影也就位于一个平面上。

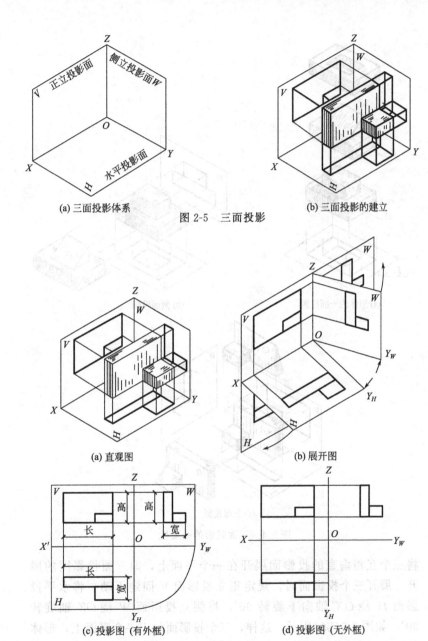

(a) 三面投影体系

图 2-5 三面投影

(b) 三面投影的建立

(a) 直观图

(b) 展开图

(c) 投影图 (有外框)

(d) 投影图 (无外框)

图 2-6 三面投影体系的展开与三面投影

三个投影面展开后，三条投影轴成为两条垂直相交的直线，原 OX 轴、OZ 轴位置不变，原 OY 轴则被一分为二，一条随 H 面转到与 OZ 轴在同一铅垂线上，标注为 OY_H；另一条随 W 面转到与 OX 轴在同一水平线上，标注为 OY_W 以示区别，如图 2-6(c) 所示。

由 H 面、V 面、W 面投影组成的投影图，称为形体的三面投影图，如图 2-6(c) 所示。

投影面是假想的，而且无边界，所以在作图时可以不画其外框，如图 2-6（d）所示。在园林工程图纸上，投影轴也可以不画。不画投影轴的投影图，称为无轴投影，如图 2-7 所示。

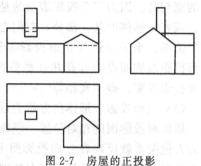

图 2-7　房屋的正投影

2.2.2　三面正投影的规律

（1）三面投影的位置关系

以正面投影为基准，水平投影位于其正下方，侧面投影位于正右方，如图 2-8(a) 所示。

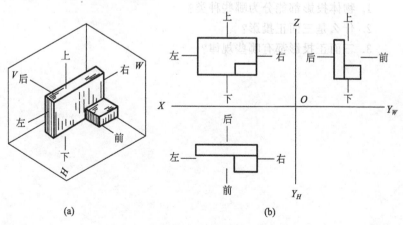

(a)　　　　　　　　　　(b)

图 2-8　投影方位在三面投影上的反映

（2）三面投影的"三等"关系

我们把 OX 轴向尺寸称为"长"，OY 轴向尺寸称为"宽"，OZ 轴向尺寸称为"高"。从图 2-8(b) 所示中可以看出，水平投影反映形体的长与宽，正面投影反映形体的长与高，侧面投影反映形体的宽与高。因为三个投影表示的是同一形体，所以无论是整个形体，或者是形体的某一部分，它们之间必然保持下列联系，即"三等"关系：水平投影与正面投影等长并且要对正，即"长对正"；正面投影与侧面投影等高并且要平齐，即"高平齐"；水平投影与侧面投影等宽，即"宽相等"。

（3）三面投影与形体的方位关系

形体对投影面的相对位置一经确定后，形体的前后、左右、上下的方位关系就反映在三面投影图上。由图 2-8 所示中可以看出，水平投影反映形体的前后和左右的方位关系；正面投影反映形体的左右和上下的方位关系；侧面投影反映形体的前后和上下的方位关系。

思 考 题

1. 物体投影都能分为哪些种类？
2. 什么是三面正投影？
3. 三面正投影都有哪些规律？

3 绘制点、直线和平面的投影

3.1　绘制点的投影

点虽然在任何投影面上的投影均是点，但它是绘制线、面、体投影的基础，学习物体在三面正投影体系中的投影，必须从点投影入手。

（1）点在两投影面体系中的投影

① 两面投影体系　建立两个空间相互垂直的投影面，处于正面直立位置的投影面称为正面投影面，以 V 表示，简称 V 面（或称正立投影面，简称正立面、正平面）；处于水平位置的投影面称为水平投影面，以 H 表示，简称 H 面（或简称水平面）。V 面和 H 面所组成的体系称为两面投影体系。V 和 H 两个投影面的交线称为 OX 投影轴，简称 X 轴。

在互相垂直的 V 面和 H 面构成的两投影面体系中，V 面和 H 面将空间分成第一分角、第二分角、第三分角和第四分角四个分角，如图3-1所示。

② 点的两面投影　如图3-2(a) 所示，空间点 A 位于

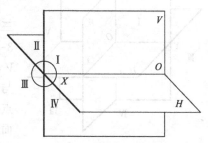

图 3-1　两面投影体系

V/H 两面投影体系中，过 A 点分别向 V 面和 H 面作垂线，得垂足 a' 和 a，则 a' 称为空间 A 点的正面投影，a 称为 A 的水平投影。

在实际作图时，为把空间元素在一个平面上表示出来，而把空间两个投影面展开成一个平面，使 V 面保持不动，使 H 面绕 OX 轴向下旋转 90°与 V 面重合，即得 A 点的正投影图，如图 3-2(b) 所示。

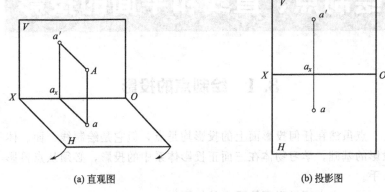

(a) 直观图　　　　　　　　　　(b) 投影图

图 3-2　点在两面投影体系中的投影

(2) 点在三投影面体系中的投影

在三面投影体系中，三个投影面将空间分为 8 个空间，如图 3-3 所示，这 8 个空间称为 8 个分角。H 面以上、V 面以前、W 面以左的空间称为第一分角。

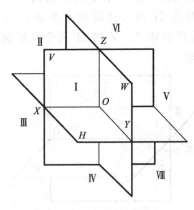

图 3-3　点的三面投影体系

① 点的三面投影　点 A 在三面投影体系中的投影，如图 3-4 所示。过点 A 分别向 H 面、V 面和 W 面作投影线，投影线与投影面的交点 a、a'、a''，即点 A 的三面投影图。点 A 在 H 面上的投影 a，称为点 A 的水平投影；点 A 在 V 面上的投影

a'，称为点 A 的正面投影；点 A 在 W 面上的投影 a''，称为点 A 的侧面投影。

② 点投影的标记　一般规定，在三面投影图中，空间点应用大写拉丁字母，例如 A、B、C…表示；投影点则用同名小写字母，例如 a、b、c…表示。为了使各投影点号之间有所区别，在 H 面的投影用相应的小写字母表示，在 V 面的投影用相应的小写字母右上角加一撇表示，在 W 面的投影用相应的小写字母右上角加两撇表示。例如点 A 的三面投影分别用 a、a'、a'' 表示。

制图时，点的投影用小圆圈画出（直径小于1mm）；点号写在投影点的近旁，并标在所属的投影面积区域中，如图 3-4 所示。

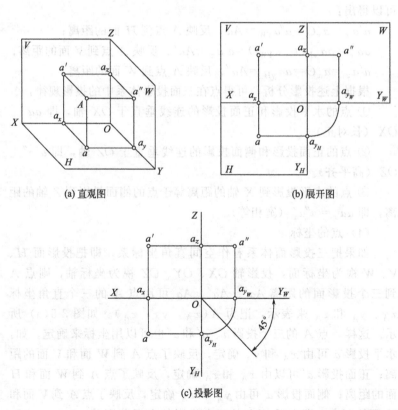

(a) 直观图　　　　(b) 展开图

(c) 投影图

图 3-4　点的三面投影图

（3）点的投影规律

图 3-4 所示为空间点 A 在三面投影体系中的投影，即过 A 点向 H、V、W 面作垂线（称为投影连系线），所交之点 a、a'、a'' 就是空间点 A 在三个投影面上的投影。从图中可以看出，由投影线 Aa、Aa' 构成的平面 $P（Aa'_xa）$ 与 OX 轴相交于 a_x，因 $P \perp V$、$P \perp H$，即 P、V、H 三面互相垂直，由立体几何知识可知，此三平面两两的交线互相垂直，即 $a'a_x \perp OX$、$aa_x \perp OX$、$a'a_x \perp aa_x$，故 P 为矩形。当 H 面旋转至与 V 面重合时 a_x 不动，且 $aa_x \perp OX$ 的关系不变，则 a'、a_x、a 三点共线，即 $a'a \perp OX$。

同理，可得到 $a'a'' \perp OZ$，$aa_{yH} \perp OY_H$，$a''a_{YW} \perp OY_W$。从而可以得出：

$a'a_x = a_zO = a''a_{YW} = Aa$，反映 A 点到 H 面的距离；

$aa_x = aa_{yH}O = a_{YW}O = a''a_z = Aa'$，反映 A 点到 V 面的距离；

$a'a_z = a_xO = aa_{yH} = Aa''$，反映 A 点到 W 面的距离。

根据上述投影分析，可得点在三面投影体系中的投影规律：

① 点的水平投影和正面投影的连线垂直于 OX 轴，即 $aa' \perp OX$（长对正）。

② 点的正面投影和侧面投影的连线垂直于 OZ 轴，即 $a'a'' \perp OZ$（高平齐）。

③ 点的水平投影到 X 轴的距离等于点的侧面投影到 Z 轴的距离，即 $aa_x = a''a_z$（宽相等）。

（4）点的坐标

如果把三投影面体系看作空间直角坐标系，即把投影面 H、V、W 视为坐标面，投影轴 OX、OY、OZ 视为坐标轴，则点 A 到三个投影面的距离 Aa''、Aa'、Aa 可用点 A 的三个直角坐标 x_A、y_A 和 z_A 来表示，记为 $A（x_A，y_A，z_A）$。如图 3-5（a）所示。这样，点 A 的三个投影 a、a' 和 a'' 也可以用坐标来确定，如：水平投影 a 可由 x_A 和 y_A 确定，反映了点 A 到 W 面和 V 面的距离；正面投影 a' 可以由 x_A 和 z_A 确定，反映了点 A 到 W 面和 H 面的距离；侧面投影 a'' 可由 y_A 和 z_A 确定，反映了点 A 到 V 面和 H 面的距离。即空间点 A 的三个投影的坐标分别是 $a（x_A，y_A）$、

$a'(x_A, z_A)$、$a''(y_A, z_A)$，如图 3-5(b) 所示。

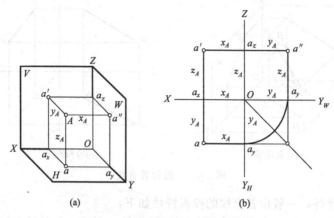

图 3-5　点的投影与坐标的关系

　　由于点的任意两个投影的坐标值中包含了该点的三个坐标，所以，由点的任意两个投影可以求出该点的第三投影；同样，若给出点的三个坐标，则该点在三投影面体系中的投影也是唯一确定的。

3.2　绘制直线的投影

　　直线的投影，在一般情况下仍是直线，特殊情况下是一点。两点的连线可确定一直线，所以，直线的三面投影，可以由它两端点的同一投影面上的投影连线而得到。

　　直线在三投影面体系中按与投影面的相对位置不同，直线可分为一般位置直线、投影面平行线、投影面垂直线。投影面平行线与投影面垂直线称为特殊位置直线。

　　（1）一般位置直线

　　对三个投影面都处于倾斜位置的直线称为一般位置直线，如图 3-6 所示。倾斜于三个投影面的直线与投影面之间的夹角，称为直线对投影面的倾角。直线对 H 面、V 面和 W 面的倾角，分别用 α、β、γ 表示。

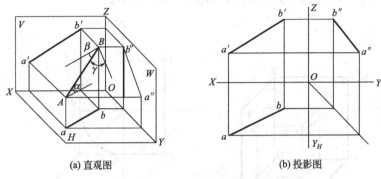

(a) 直观图　　　　　　　　(b) 投影图

图 3-6　一般位置直线

此外，一般位置直线的投影特性如下：

① 直线的三个投影都是倾斜于投影轴的斜线，但是长度缩短，不反映实际长度。

② 各个投影与投影轴的夹角不反映空间直线对投影面的倾角。

（2）投影面平行线

投影面平行线是指平行于某一个投影面，而倾斜于其他两个投影面的直线。它包括水平线、正平线和侧平线三种状态。

① 水平线——平行于 H 面，倾斜于 V、W 面的直线。

② 正平线——平行于 V 面，倾斜于 H、W 面的直线。

③ 侧平线——平行于 W 面，倾斜于 H、V 面的直线。

投影面平行线的投影图和投影特性见表 3-1。

表 3-1　投影面平行线的投影特性

名称	直观图	投影图	投影特性
水平线			a. 水平投影反映实长 b. 水平投影与 X 轴和 Y 轴的夹角分别反映直线与 V 面的倾角 β 和 γ c. 正面投影和侧面投影分别平行于 X 轴及 Y 轴,但不反映实长

名称	直观图	投影图	投影特性
正平线			a. 正面投影反映实长 b. 正面投影与 X 轴和 Z 轴的夹角,分别反映直线与 H 面和 W 面的倾角 α 和 γ c. 水平投影及侧面投影分别平行于 X 轴及 Z 轴,但不反映实长
侧平线			a. 侧面投影反映实长 b. 侧面投影与 Y 轴和 Z 轴的夹角,分别反映直线与 H 面和 Y 面的倾角 α 和 β c. 水平投影及正面投影分别平行于 X 轴及 Z 轴,但不反映实长

　　投影面平行线在它所平行的投影面上的投影反映实长,而且该投影与相应投影轴的夹角,反映直线与其他两个投影面的倾角;直线在另外两个投影面上的投影分别平行于相应的投影轴,但是不反映实长。在各投影面的投影特性见表 3-1。

　　在投影图上,若有一个投影平行于投影轴,而另有一个投影倾斜。那么,这个空间直线一定是投影面的平行线。

　　(3) 投影面垂直线

　　投影面垂直线是垂直于某一投影面,同时,也平行于另外两个投影面的直线。投影面垂直线可分为铅垂线、正垂线和侧垂线三种状态。

　　① 铅垂线——垂直于 H 面,与 V 面、W 面平行的直线;

　　② 正垂线——垂直于 V 面,与 H 面、W 面平行的直线;

　　③ 侧垂线——垂直于 W 面,与 H 面、V 面平行的直线。

　　投影面垂直线的投影特性见表 3-2。

表 3-2 投影面垂直线的投影特性

名称	直观图	投影图	投影特性
铅垂线			a. 水平投影积聚成一点 b. 正面投影及侧面投影分别垂直于 X 轴及 Z 轴,且反映实长
正垂线			a. 正面投影积聚成一点 b. 水平投影及侧面投影分别垂直于 X 轴及 Z 轴,且反映实长
侧垂线			a. 侧面投影积聚成一点 b. 水平投影及正面投影分别垂直于 Y 轴及 Z 轴,且反映实长

此外,需要注意的是在投影面上,只要有一条直线的投影积聚为一点,那么,它一定为投影面的垂直线,并且垂直于积聚投影所在的投影面。

3.3 绘制平面的投影

平面是直线沿某一方向运动的轨迹。要作出平面的投影,只要作出构成平面形轮廓的若干点与线的投影,然后连成平面图形即可。平面通常用确定该平面的几何元素的投影表示,也可用迹线表示。

（1）用几何元素表示平面

下列几何元素组可以决定平面的空间位置：

① 不在同一直线上的三个点，其是决定平面位置最基本的几何元素组，如图 3-7(a) 所示。

② 一直线和直线外一点，如图 3-7(b) 所示。

③ 平行两直线，如图 3-7(c) 所示。

④ 相交两直线，如图 3-7(d) 所示。

⑤ 平面图形，例如三角形、平行四边形、圆等，如图 3-7(e) 所示。

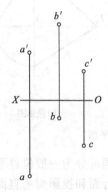

(a) 不在同一直线上的三个点

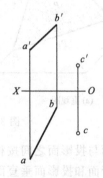

(b) 一直线和直线外一点

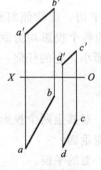

(c) 平行两直线

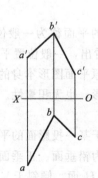

(d) 相交两直线

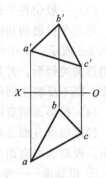

(e) 平面图形

图 3-7　用几何元素表示平面示意图

（2）用迹线表示平面

平面与投影面的交线，称为平面的迹线，也可以用迹线表示平面。用迹线表示的平面称为迹线平面。平面与 H、V、W 面的交线分别称为水平迹线、正面迹线和侧面迹线。如图 3-8 所示为用迹线表示平面的示意图。

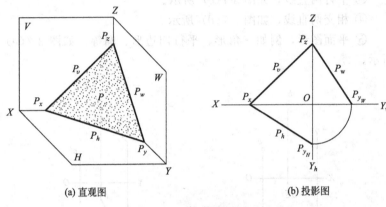

(a) 直观图   (b) 投影图

图 3-8　用迹线表示平面

平面与投影面之间按相对位置的不同可分为一般位置平面、投影面平行面和投影面垂直面，投影面平行面和投影面垂直面统称为特殊位置平面。

（3）一般位置平面

与三个投影面均倾斜的平面称为一般位置平面，也称倾斜面，如图 3-9 所示。从中可以看出，一般位置平面的各个投影均为原平面图形的类似形，并且比原平面图形本身的实形小。它的任何一个投影，既不反映平面的实形，也无积聚性。

（4）投影面垂直面

投影面垂直面是垂直于某一投影面的平面，对其余两个投影面倾斜。投影面垂直面可分为铅垂面、正垂面和侧垂面。

① 铅垂面——垂直于 H 面，倾斜于 V、W 面的平面。

② 正垂面——垂直于 V 面，倾斜于 H、W 面的平面。

③ 侧垂面——垂直于 W 面，倾斜于 H、V 面的平面。

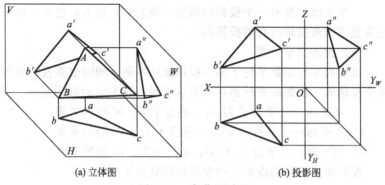

(a) 立体图   (b) 投影图

图 3-9　一般位置平面

投影面垂直面的投影图和投影特性见表 3-3。

表 3-3　投影面垂直面的投影特性

名称	直观图	投影图	投影特性
铅垂面			a. 水平投影积聚成一条斜直线 b. 水平投影与 X 轴和 Y 轴的夹角,分别反映平面与 V 面和 W 面的倾角 β 和 γ c. 正面投影及侧面投影为平面的类似形
正垂面			a. 正面投影积聚成一条斜直线 b. 正面投影与 X 轴和 Z 轴的夹角,分别反映平面与 H 面和 W 面的倾角 α 和 γ c. 水平投影及侧面投影为平面的类似形
侧垂面			a. 侧面投影积聚成一条斜直线 b. 侧面投影与 Y 轴和 Z 轴的夹角,分别反映平面与 H 面和 V 面的倾角 α 和 β c. 水平投影及正面投影为平面的类似形

一个平面只要有一个投影积聚为一倾斜线，那么，这个平面一定垂直于积聚投影所在的投影面。

（5）投影面平行面

投影面平行面是平行于某一投影面的平面，同时也垂直于另外两个投影面。投影面平行面可分为水平面、正平面和侧平面。

① 水平面——平行于 H 面，垂直于 V、W 面的平面。

② 正平面——平行于 V 面，垂直于 H、W 面的平面。

③ 侧平面——平行于 W 面，垂直于 V、H 面的平面。

投影面平行面的投影图和投影特性见表 3-4。

表 3-4 投影面平行面的投影特性

名称	直观图	投影图	投影特性
水平面			a. 水平投影反映实形 b. 正面投影及侧面投影积聚成一条直线，且分别平行于 X 轴及 Y 轴
正平面			a. 正面投影反映实形 b. 水平投影及侧面投影积聚成一条直线，且分别平行于 X 轴及 Z 轴
侧平面			a. 侧面投影反映实形 b. 水平投影及正面投影积聚成一条直线，且分别平行于 Y 轴及 Z 轴

一个平面只要有一个投影积聚为一条平行于投影轴的直线，那么该平面就平行于非积聚投影所在的投影面，并且反映实形。

3.4 作图练习

【例 3-1】 已知点 A 的正面投影 a' 和侧面投影 a''，如图 3-10（a）所示，求作水平投影 a。

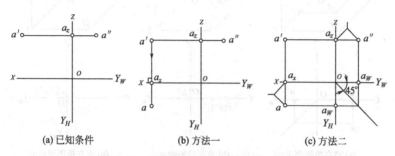

(a) 已知条件   (b) 方法一   (c) 方法二

图 3-10 已知点的两面投影求第三投影

【解】

（1）分析

根据点的投影规律可知，$a'a \perp OX$，过 a' 点作 OX 轴的垂线 $a'a_X$，所求以点必在 $a'a_X$ 的延长线上。由 $aa_X = a''a_Z$ 可确定 a 点在 $a'a_X$ 延长线上的位置。

（2）作图

① 过 a' 点按箭头方向作 $a'a_X \perp OX$ 轴，并适当延长，如图 3-10（b）所示。

② 在 $a'a_X$ 的延长线上量取 $aa_X = a''a_Z$，可求得 a 点。

也可如图 3-10（c）所示方法作图，通过 O 点向右下方作出 45°辅助斜线，由 a'' 点作 Y_W 轴的垂线并延长与 45°斜线相交，然后再由此交点作 Y_H 轴的垂线并延长，与过 a' 点且与 OX 轴垂直的投影连线 $a'a_X$ 相交，交点 a 即为所求点。

（3）点的空间位置及坐标

① 点的空间位置 点在空间的位置大致有四种，即点悬空、点在投影面上、点在投影轴上、点在投影原点处。点处于悬空状

态，如图 3-4(a) 所示，点处于投影面上、投影轴上、投影原点上，如图 3-11 所示。

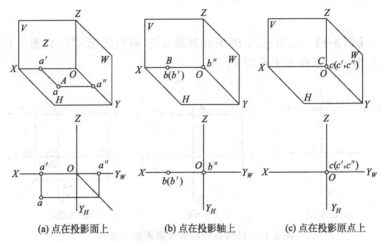

(a) 点在投影面上   (b) 点在投影轴上   (c) 点在投影原点上

图 3-11　点在投影面、投影轴和投影原点处的投影

② 点的坐标　研究点的坐标，也就是研究点与投影面的相对位置。在 H、V、W 投影体系中，常将 H、V、W 投影面看成坐标面，而三条投影轴则相当于三条坐标轴 OX、OY、OZ，三轴的交点为坐标原点，如图 3-4 所示。空间点到三个投影面的距离就等于它各方向坐标值，即点 A 到 W 面、V 面和 H 面的距离 Aa''、Aa' 和 Aa 分别称为 x 坐标、y 坐标和 z 坐标。空间点的位置可用 $A(x，y，z)$ 形式表示，所以 A 点的水平投影 a 的坐标是 $(x，y，O)$；正面投影的 a' 的坐标是 $(x，O，z)$；侧面投影 a'' 的坐标是 $(O，y，z)$。

在图 3-4(a) 中，四边形 Aaa_Xa' 是矩形，Aa 等于 $a'a_X$，即 $a'a_X$ 反映点 A 到 H 面的距离；Aa' 等于 aa_X，即 aa_X 反映点 A 到 V 面的距离。由此可知：

$$Aa''=aa_{Y_H}=a'a_Z=Oa_X（点 A 的 x 坐标）$$

$$Aa'=aa_X=a''a_Z=Oa_Y（点 A 的 y 坐标）$$

$$Aa=a'a_X=a''a_{Y_W}=Oa_Z（点 A 的 z 坐标）$$

空间点的位置不仅可以用其投影确定，也可以由它的坐标确定。若已知点的三面投影，就可以量出该点的三个坐标；反之，已知点的坐标，也可以作出该点的三面投影。

空间点可以处于悬空位置，也可以处于投影面上、投影轴上或投影原点上。通常我们把处于投影面、投影轴或坐标原点上的点称为特殊位置点。当空间位于投影面上时，它的一个坐标等于零，在它的三个投影中必然有两个投影位于投影轴上；当空间点位于投影轴上时，它的两个坐标等于零，在它的投影中必有一个投影位于原点；而当空间点在原点上时，它的坐标均为零，它的投影均位于原点上。

【例 3-2】 根据正三棱锥的投影图，如图 3-12 所示，试分析棱

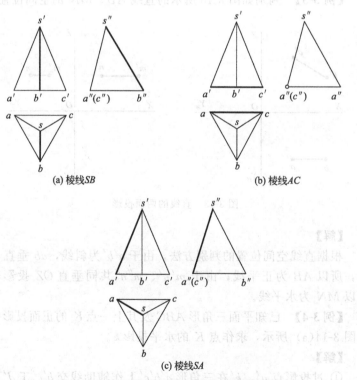

图 3-12　正三棱锥各棱线与投影面的相对位置

线 SB、AC、SA 与投影面的相对位置关系。

【解】

1）棱线 SB 　sb 与 $s'b'$ 分别平行于 OY_H 轴和 OZ 轴，可确定棱线 SB 为侧平线，侧面投影 $s''b''$ 反映棱线 SB 的真长，如图 3-12（a）所示。

2）棱线 AC 　侧面投影 $a''(c'')$ 为重影点，可判断棱线 AC 为侧垂线，其正面投影与水平投影均反映棱线 AC 的真长，即 $a'c'=ac=AC$，如图 3-12（b）所示。

3）棱线 SA 　棱线 SA 的三个投影 sa、$s'a'$、$s''a''$ 对各投影轴均倾斜，如图 3-12（c）所示，由此可判断出棱线 SA 必定是一般位置直线。

【例 3-3】 判别如图 3-13 所示的直线 AB、MN 的空间位置。

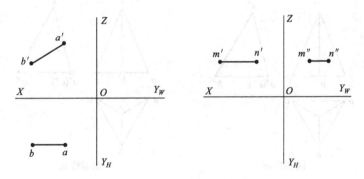

图 3-13　直线的两面投影

【解】

根据直线空间位置的判别方法，由于 $a'b'$ 为斜线，ab 垂直 OY 轴，所以 AB 为正平线；由于 $m'n'$、$m''n''$ 共同垂直 OZ 投影轴，所以 MN 为水平线。

【例 3-4】 已知平面三角形 ABC 及其上一点 K 的正面投影 k'，如图 3-14（a）所示，求作点 K 的水平投影 k。

【解】

① 过投影点 a'、k' 在三角形 $a'b'c'$ 上作辅助线交 $b'c'$ 于 d' 点，

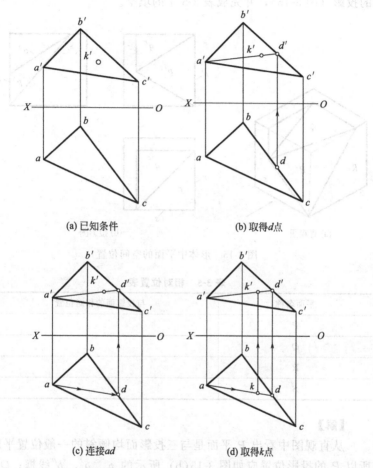

(a) 已知条件

(b) 取得 d 点

(c) 连接 ad

(d) 取得 k 点

图 3-14 求作平面上点的投影

再按点的投影规律，由 d' 向下作铅垂线，与 bc 相交得 d 点，如图 3-14(b) 所示。

② 连接 ad，如图 3-14(c) 所示。

③ 由 k' 向下作铅垂线，与 ad 相交得 k 点，k 点即为所求，如图 3-14(d) 所示。

【例 3-5】 根据直观图在三投影图上标出 P、Q、R、S 平面的投影（图 3-15），并完成表 3-5 中的填空。

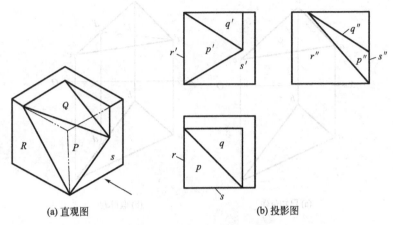

(a) 直观图   (b) 投影图

图 3-15   形体中平面的空间位置

表 3-5   相对位置表

平面名称	与投影面的相对位置
P	
Q	
R	
S	

【解】

从直观图中看出 P 平面是与三投影面均倾斜的一般位置平面，所以 P 的投影位置应如图 3-15（b）所示的 p、p'、p'' 线框；Q 是一个与 W 面垂直的三角形平面，是侧垂面，其 q'' 应为一条斜直线，图 3-15（b）中 q、q'、q'' 即为其投影位置；R 是梯形且为侧平面，所以在 W 上反映其实形，W 上的梯形线框即为 r''，而 R 的其他投影均为积聚投影，如图中的 r、r'；S 是个五边形，从图中看出它是正平面，所以在 V 面上反映它的实形 s'，其他面上的投影都为积聚投影，且平行于相应的投影轴，例如 s、s''。平面 P、Q、R 及 S 的具体位置见表 3-6。

表 3-6　相当位置表

平面名称	与投影面的相对位置
P	一般位置平面
Q	侧垂面
R	侧平面
S	正平面

思　考　题

1. 如何绘制点的投影？
2. 点的投影和直线的投影都有哪些不同？
3. 投影面平行线和投影面垂直线都有哪些特点？
4. 绘制平面投影时都有哪些注意事项？

绘制体的投影

4.1 基本几何体投影的绘制

4.1.1 平面体

表面由平面组成的几何体称为平面体。基本的平面体包括正方体、长方体（统称为长方体），棱柱（四棱柱除外），棱锥、棱台（统称为斜面体）等，如图 4-1 所示。

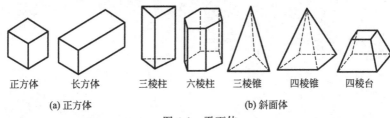

| | | | | | | |
|正方体|长方体|三棱柱|六棱柱|三棱锥|四棱锥|四棱台|

(a) 正方体 (b) 斜面体

图 4-1 平面体

（1）长方体的投影

长方体的表面是由 6 个长方形（包括正方形）平面组成的，它的棱线之间都互相垂直或平行（相邻的互相垂直，相对的互相平行）。对于其投影图，把长方体放在三投影面体系中，使长方体的各个面分别和各投影面平行或垂直，例如使长方体的前、后面与 V 面平行；左、右面与 W 面平行；上、下面与 H 面平行。凡平行于一个投影面的平面，必定在该投影面上反映出其实际形状和大小，而对另外两个投影面是垂直关系，它们的投影都积聚成一条直线。

如图 4-2 所示为某长方体的三面投影图。根据长方体在三面投影体系中的位置，底面、顶面平行于 H 面，则在 H 面的投影反映实形，并且相互重合。前后面、左右面垂直于 H 面，其投影积聚成为直线，构成长方形的各条边。

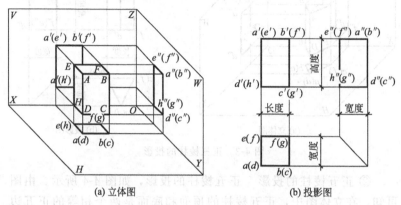

图 4-2　长方体的投影

由于前后面平行于 V 面，在 V 面的投影反映实形，并且重合。左右面由于左右侧面平行于 W 面，在 W 面的投影反映实形，并且相互重合。而前后面、顶面、底面与 W 面垂直，其投影积聚成为直线，构成 W 面四边形各边。

从长方体的三面投影图上可以看出：正面投影反映长方体长度 L 和高度 H，水平投影反映长方体的长度 L 和宽度 B，侧面反映棱柱体的宽度 B 和高度 H。完全符合三面投影图的投影特性。

（2）棱柱体的投影

棱柱体是指由两个互相平行的多边形平面，其余各面都是四边形，而且每相邻两个四边形的公共边都互相平行的平面围成的形体。这两个互相平行的平面称为棱柱的底面，其余各平面称为棱柱的侧面，侧面的公共边称为棱柱的侧棱。常见的棱柱体有三棱柱、五棱柱以及六棱柱等。

① **正三棱柱的投影** 将正三棱柱体置于三面投影体系中，使其底面平行于 *H* 面，并保证其中一个侧面平行于 *V* 面，如图 4-3 所示。

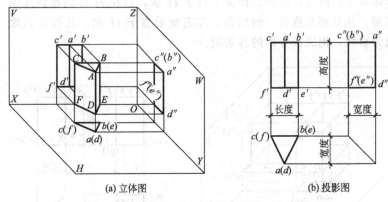

(a) 立体图　　　　　　　　　(b) 投影图

图 4-3　正三棱柱的投影

② **正五棱柱的投影** 正五棱柱的投影，如图 4-4 所示。由图可知，在立体图中，正五棱柱的顶面和底面是两个相等的正五边形，都是水平面，其水平投影重合并且反映实形；正面和侧面的投影重影为一条直线，棱柱的五个侧棱面，后棱面为正平面，其正面

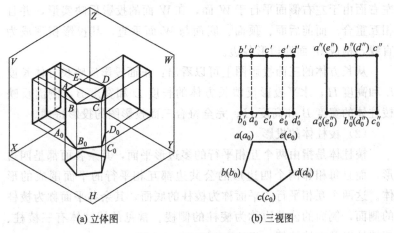

(a) 立体图　　　　　　　　　(b) 三视图

图 4-4　正五棱柱的投影

投影反映实形,水平和侧面投影为一条直线;棱柱的其余四个侧棱面为铅垂面,其水平投影分别重影为一条直线,正面和侧面的投影都是类似形。

五棱柱的侧棱线 AA_0 为铅垂线,水平投影积聚为一点 $a(a_0)$,正面和侧面的投影都反映实长,即 $a'a'_0 = a''a''_0 = AA_0$。底面和顶面的边及其他棱线可进行类似分析。

(3)棱锥体的投影

棱锥与棱柱的区别是侧棱线交于一点,即锥顶。棱锥的底面是多边形,各个棱面都是有一个公共顶点的三角形。正棱锥的底面是正多边形,顶点在底面的投影在多边形的中心。棱锥体的投影仍是空间一般位置和特殊位置平面投影的集合,其投影规律和方法同平面的投影。

(4)棱台体的投影

用平行于棱锥底面的平面切割棱锥后,底面与截面之间剩余的部分称为棱台体。截面与原底面称为棱台的上、下底面,其余各平面称为棱台的侧面,相邻侧面的公共边称为侧棱,上、下底面之间的距离为棱台的高。棱台分别有三棱台、四棱台和五棱台等。

① 三棱台的投影　为方便作图,应使棱台上、下底面平行于水平投影面,并使侧面两条侧棱平行于正立投影面,如图 4-5 所示。

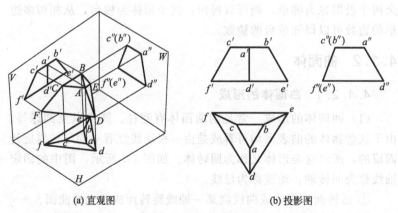

(a) 直观图　　　　　　　(b) 投影图

图 4-5　三棱台的投影

② 四棱台的投影　用同样的方法作四棱台的投影，如图 4-6 所示。在四棱台的三个投影中，其中一个投影有两个相似的四边形，并且各相应顶点相连；另外两个投影仍为梯形。

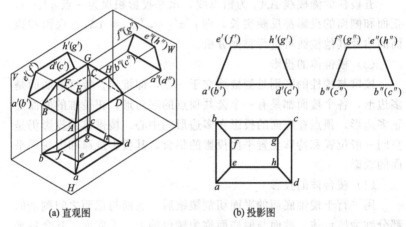

(a) 直观图　　　　　　　　　　(b) 投影图

图 4-6　四棱台的投影

从三棱台、四棱台的投影中可知，在棱台的三面投影中，其中一个投影中有两个相似的多边形，且各相应顶点相连，构成梯形；另两个投影分别为一个或若干个梯形。反之，若一个形体的投影中有两个相似的多边形，且两个多边形相应顶点相连，构成梯形，其余两个投影也为梯形，则可以得出：这个形体为棱台，从相似多边形的边数可以得知棱台的棱数。

4.1.2　曲面体

4.1.2.1　曲面体的形成

（1）回转体的形成　常见的曲面体有圆柱、圆锥以及圆球等。由于这些物体的曲表面均可看成是由一根动线绕着一固定轴线旋转而成的，所以这类形体又称为回转体。如图 4-7 所示，图中的固定轴线称为回转轴，动线称为母线。

① 回转面　直线或曲线绕某一轴线旋转而成的光滑曲面。

② 母线　形成回转面的直线或曲线。

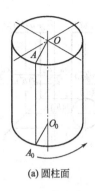

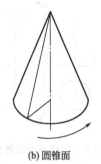

(a) 圆柱面   (b) 圆锥面   (c) 圆球面

图 4-7 回转面的形式

③ 素线　回转面上的任一位置的母线。轮廓素线则是指将物体置于投影体系中，在投影时能构成物体轮廓的素线。

④ 纬圆　母线上任意点绕轴旋转形成曲面上垂直轴线的圆。

（2）常见曲面体的形成

① 当母线为直母线并且平行于回转轴时，形成的曲面为圆柱面，如图 4-7（a）所示。

② 当母线为直母线并且与回转轴相交时，形成的曲面为圆锥面。圆锥面上所有母线交于一点，称为锥顶，如图 4-7（b）所示。

③ 由圆母线绕其直径回转而成的曲面称为圆球面，如图 4-7（c）所示。

4.1.2.2　圆柱体的投影

圆柱体是由圆柱面和两个圆形底面组成的，圆柱面上与轴线平行的直线称为圆柱面的素线。如图 4-8 所示，当圆柱体的轴线为铅垂线时，圆柱面所有的素线都是铅垂线，在平面图上积聚为一个圆，圆柱面上所有的点和直线的水平投影，都在平面图的圆上；其正立面图和侧立面图上的轮廓线为圆柱面上最左、最右、最前、最后轮廓素线的投影。圆柱体的上、下底面为水平面，水平投影为圆（反映实形），另两个投影积聚为直线。

如图 4-8 所示，圆柱体投影图的作图步骤如下：

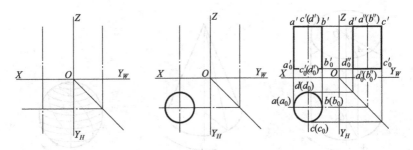

图 4-8　圆柱体的投影作图

① 作圆柱体三面投影图的轴线和中心线，然后由直径画水平投影圆；

② 由"长对正"和高度作正面投影矩形；

③ 由"高平齐，宽相等"作侧面投影矩形。

4.1.2.3　圆锥体的投影

圆锥体是由圆锥面和一个底面组成的。圆锥面可看成由一条直线绕与它相交的轴线旋转而成。圆锥放置时，应使轴线与水平面垂直，底面平行于水平面，以便于作图，如图 4-9 所示。

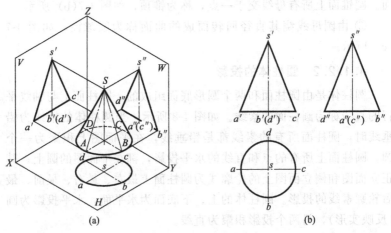

图 4-9　圆锥体的投影

4.1.2.4 圆球体的投影

圆球体由一个圆球面组成。如图 4-10 所示，圆球面可看成由一条半圆曲线绕与它的直径重合的直线作为轴线的 OO_0 旋转而成。

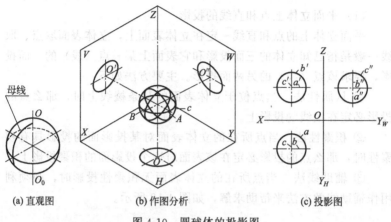

(a) 直观图　　　(b) 作图分析　　　(c) 投影图

图 4-10　圆球体的投影图

4.1.2.5 圆环的投影

圆环是由一个圆环面组成的，如图 4-11 所示。圆环面可以看成是由一条圆曲线绕与圆所在平面上且在圆外的直线作为轴线 OO_0 旋转而成的，圆上任意点的运动轨迹为垂直于轴线的纬圆。

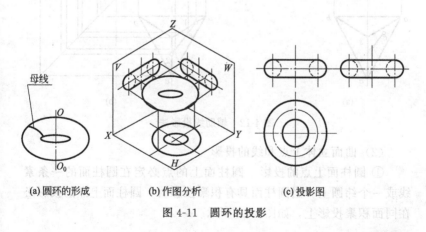

(a) 圆环的形成　　(b) 作图分析　　(c) 投影图

图 4-11　圆环的投影

4.2 基本几何体表面上点和线的投影

(1) 平面立体上点和直线的投影

平面立体上的点和直线一定在立体表面上，立体表面取点、取线一般是指已知立体的三面投影和它表面上某一点（线）的一面投影，要求该点（线）的另两面投影。主要方法如下：

① 从属性法 当点位于立体表面的某条棱线上时，那么点的投影必定在棱线的投影上。

② 积聚性法 当点所在的立体表面对某投影面的投影具有积聚性时，那么点的投影必定在该表面对这个投影面的积聚投影上。

③ 辅助线法 当点所在的立体表面无积聚性投影时，必须利用作辅助线的方法来帮助求解，如图 4-12 所示。

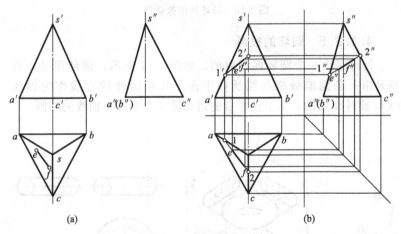

(a)　　　　　　　　　　　　　(b)

图 4-12　辅助线投影法

(2) 曲面立体上点和线的投影

① 圆柱面上点的投影 圆柱面上的点必定在圆柱面的一条素线或一个纬圆上。当圆柱面具有积聚投影时，圆柱面上点的投影必在同面积聚投影上，如图 4-13 所示。

② 圆柱面上线的投影　圆柱的轴线垂直于侧面，其侧面投影积聚为圆，正面投影、水平投影为矩形；线段 AB 是圆柱面上的一段曲线，求曲线投影的方法是画出曲线上，诸如端点、分界点等特殊位置点及适当数量的一般位置点，并把它们光滑连接即可，如图 4-14 所示。

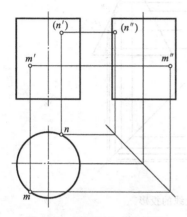

图 4-13　圆柱面上点的投影

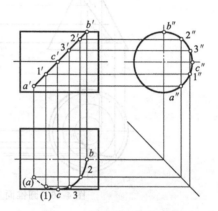

图 4-14　圆柱面上线的投影

③ 圆锥面上点、线的投影

a. 圆锥面上点的投影（图 4-15）。圆锥体的投影没有积聚性，所以过 A 点连一条素线，从而将圆锥面上的点转化为直线上的点。

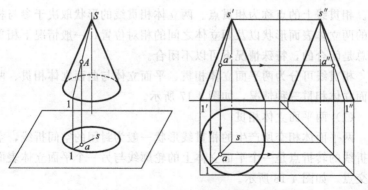

图 4-15　圆锥面上点的投影

b. 圆锥面上线的投影（图 4-16）。线段 AB 的正面投影 $a'b'$ 倾斜于圆锥轴线，故线段 AB 为圆锥表面的一段曲线（部分椭圆）。先求出点 A、B 的其余投影，再将同面投影连接成曲线即可。

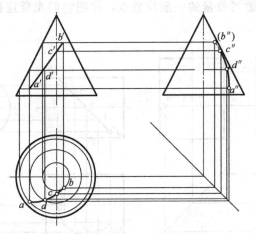

图 4-16　圆锥面上线的投影

4.3　相贯体的投影

两立体相交又称两立体相贯，相交两立体的表面交线称为相贯线。相贯线上的点称为相贯点。两立体相贯线的形状取决于参与相交的两立体表面形状以及两立体之间的相对位置。一般情况下相贯线总是闭合的，特殊情况下可以不闭合。

相贯线可分为两平面立体相贯、平面立体与曲面立体相贯、两曲面立体相贯三种情况，如图 4-17 所示。

（1）两平面立体相贯

两平面体相交所产生的相贯线形状一般为封闭的空间折线，空间折线的转折点是一个平面立体上的轮廓线与另一个平面立体表面的交点，如图 4-18 所示。

求两个平面立体相贯线的方法如下。

(a) 两平面立体相贯

(b) 平面立体与曲面立体相贯

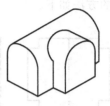

(c) 两曲面立体相贯

图 4-17　相贯体

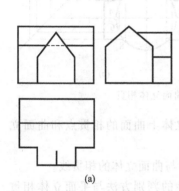

(a)

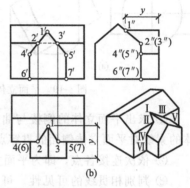

(b)

图 4-18　两平面立体相贯

① 分别求出两个平面立体的有关侧棱相互的贯穿点。

② 依次连接各贯穿点，所得折线即为两平面立体的相贯线。注意：因为相贯线是两个立体侧面的交线，所以只有位于一个立体的侧面上，同时又位于另一个立体的侧面上的两点才可以相连。

③ 判别相贯线的可见性。只有相交两侧面的同面投影是可见的，只要有一个侧面不可见，面点的交线就不可见。

（2）平面立体与曲面立体相贯

平面体与曲面体相交所产生的相贯线形状，一般为平面曲线或平面曲线与直线的组合线，如图 4-19 所示。每两段平面曲线的交点，是平面立体的侧棱与曲面立体上曲面的贯穿点。因此，求平面立体与曲面立体的相贯线，实际上就是求平面与曲面立体的截交线和直线与曲面立体的贯穿点。通常求平面立体与曲面立体的相贯线的方法如下。

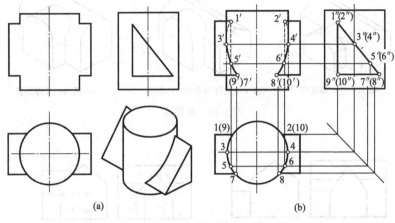

图 4-19　平面立体与曲面立体相贯

① 求出平面立体的侧棱与曲面立体上曲面的相贯点和曲面立体的素线对平面立体侧面的贯穿点。

② 依次连接各点，即为平面立体与曲面立体的相贯线。

③ 判别相贯线的可见性。可见性的判别方法与平面立体相贯基本相同，即相贯线的各部分，只有两个立体表面的同面投影均为可见时，交线的同面投影才为可见，否则为不可见。相贯线看得见和看不见部分的分界点，必在平面立体的侧棱上或曲面立体的轮廓素线上。

辅助线法也是求平面立体和曲面立体的相贯线的惯用方法，即选择系列的辅助截平面，分别求出它们与两个立体的截交线，然后再求两立体截交线的交点，即为相贯点。

（3）两曲面相贯

两曲面立体相交，相贯线一般是光滑、封闭的空间曲线，特殊情况下可能是直线或平面曲线。如图 4-20 所示，两圆柱互贯，产生一组封闭的相贯线。

常见的两曲面体相交形式，包括正交（轴线垂直相交）、偏交（轴线垂直不相交）、斜交（轴线相交但不垂直）。

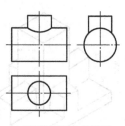

(a) 两圆柱没有相贯前的立体图　　(b) 两圆柱互贯的立体图　　(c) 两圆柱互贯的投影图

图 4-20　两曲面相贯

求两曲面立体的相贯线，可用辅助截平面法，先求出截平面与两立体表面的截交线，再求两截交线的交点，即为相贯线上的点。用辅助截平面法求相贯线上的点时，应根据两曲面立体的形状和相互之间的位置，恰当地选择辅助截平面的位置，尽可能在投影中得到最简单的截交线，如直线或平行于投影面的圆，以便于作图。

4.4　组合体投影的绘制

4.4.1　组合体的组合形式

根据基本形体的组合方式的不同，通常可以将组合体分为叠加式、切割式和混合式三种。

（1）叠加式组合体

叠加式组合体是指组合体的主要部分是由若干个基本形体叠加而成的。如图 4-21 所示，立体由三部分叠加而成，A 为一水平放置的长方体，B 是一个竖立在正中位置的四棱柱，C 为四块支撑板。

（2）切割式组合体

切割式组合体是指从一个基本形体上切割去若干基本形体而形成的组合体。如图 4-22 所示，可以将该组合体看作是在一长方体 A 的左上方切去一个长方体 B，然后，再在它的上中方切除长方体 C 而形成的。

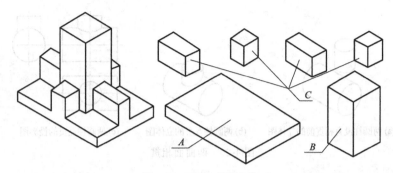

图 4-21　叠加式组合体

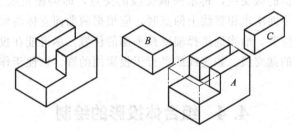

图 4-22　切割式组合体

（3）混合式组合体

混合式组合体是指既有叠加又有切割而形成的几何体，如图 4-23 所示。

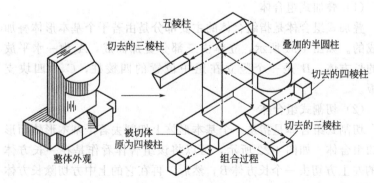

图 4-23　混合式组合体

4.4.2 组合体投影图的画法

(1) 形体分析

形体分析法是指把一个复杂形体分解成若干基本形体或简单形体的方法。形体分析法是画图、读图和标注尺寸的基本方法。

如图 4-24(a) 所示为一室外台阶，可以将其看成是由边墙、台阶、边墙三大部分组成的，如图 4-24(b) 所示。

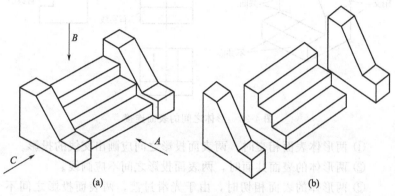

图 4-24 室外台阶形体分析

如图 4-25(a) 所示是一肋式杯形基础，可以将其看成由底板、

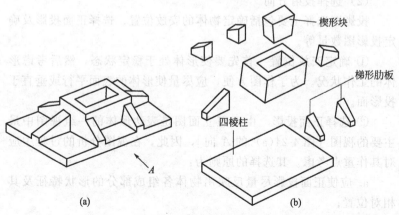

图 4-25 室外台阶和肋式杯形基础形体分析

中间挖去一楔形块的四棱柱和六块梯形肋板组成，如图 4-25（b）所示。

画组合体的投影图时，必须正确表示各基本形体之间的表面连接。形体之间的表面连接可归纳为以下四种情况（图 4-26）。

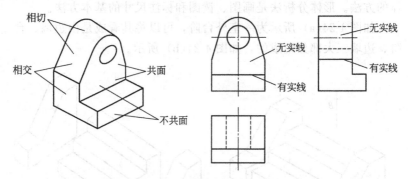

图 4-26　形体之间的表面连接

① 两形体表面相交时，两表面投影之间应画出交线的投影。

② 两形体的表面共面时，两表面投影之间不应画线。

③ 两形体的表面相切时，由于光滑过渡，两表面投影之间不应画线。

④ 两形体的表面不共面时，两表面投影之间应该有线分开。

（2）选择投射方向

投影图选择主要包括确定物体的安放位置、选择正面投影及确定投影图数量等。

① 确定安放位置　首先要使形体处于稳定状态，然后考虑形体的工作状况。为了作图方便，应尽量使形体的表面平行或垂直于投影面。

② 选择正面投影　由于正立面图是表达形体的一组视图中最主要的视图 [图 4-24（a）的 A 向]，因此，在视图分析的过程中应对其作重点考虑。其选择的原则为：

a. 应使正面投影尽量反映出物体各组成部分的形状特征及其相对位置；

b. 应使视图上的虚线尽可能少一些；

c. 应合理利用图纸的幅面。

③ 确定投影图数量　应采用较少的投影图把物体的形状完整、清楚、准确地表达出来。

（3）画图步骤

① 选取画图比例、确定图幅。

② 布图、画基准线。

③ 绘制视图的底稿　根据物体投影规律，逐个画出各基本形体的三视图。其具体画图的顺序应为：一般先画实形体，后画虚形体（挖去的形体）；先画大形体后画小形体；先画整体形状，后画细节形状。

④ 检查、描深　检查无误后，可按规定的线型进行加深，如图 4-27 所示。

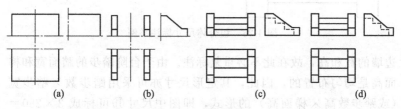

(a)　　　　(b)　　　　(c)　　　　(d)

图 4-27　画图步骤

4.4.3　组合体的尺寸标注

组合体的尺寸标注，需首先进行形体分析，确定要反映到投影图上的基本形体及尺寸标注要求。此外，还必须掌握合理的标注方法。

以下是以台阶为例说明组合体尺寸标注的方法和步骤（图 4-28）。

（1）标注总体尺寸

首先标注图中①、②和③三个尺寸，它们分别为台阶的总长、总宽和总高。在建筑设计中它们是确定台阶形状的最基本也是最重要的尺寸，因此应首先标出。

（2）标注各部分的定形尺寸

图中④、⑤、⑥、⑦、⑧、⑨均为边墙的定形尺寸，⑩、⑪、⑫为踏步的定形尺寸。而尺寸②、③既是台阶的总宽、总高，也是

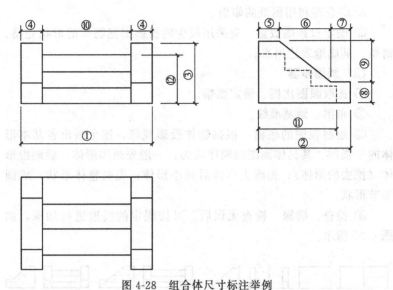

图 4-28　组合体尺寸标注举例

边墙的宽和高，故在此不必重复标注。由于台阶踏步的踏面宽和梯面高是均匀布置的，因此，其定形尺寸亦可采用踏步数×踏步宽（或踏步数高×梯面高）的形式，即图中尺寸⑪可标成 3×280＝840，⑫也可标为 3×150＝450。

（3）标注各部分间的定位尺寸

台阶各部分间的定位尺寸均与定形尺寸重复。尺寸⑩既是边墙的长，也是踏步的定位尺寸。

（4）检查、调整

由于组合体形体通常比较复杂，且上述三种尺寸间多有重复，因此，此项工作尤为重要。通过检查，补其遗漏，除其重复。

4.5　作图练习

【例 4-1】　已知正五棱柱边长 L，棱柱高为 H，如图 4-29 所示，求正五棱柱的三面投影。

【解】

（1）作图分析

作图前，应先进行分析：五棱柱为立放，它的底面、顶面平行于 H 面，各侧棱均垂直于 H 面，所以在 H 面上正五边形是其底面的实形；V 面、W 面投影的矩形外轮廓是正五棱柱两个侧面的类似形投影，三条竖线是侧棱的实长，是正五棱柱的实际高度。

（2）作图步骤

① 作 H 面投影 底面平行于顶面且平行于 H 面，则在 H 面的投影反映实形，并且相互重合为正五边形。各棱柱面垂直于 H 面，其投影积聚成为直线，构成正五边形的各条边。

② 作 V 面投影 由于其中一个侧面平行于 V 面，则在 V 面上的投影反映实形。其余两个侧面与 V 面倾斜，在 V 面上的投影形状缩小，并与第一个侧面重合，所以 V 面上的投影为两个长方形。底面和顶面垂直于 V 面，它们在 V 面上的投影积聚成上、下两条平行于 OX 的直线。

③ 作 W 面投影 由于与 V 面平行的侧面垂直于 W 面，在 W 面上的投影积聚成平行于 OZ 的直线。顶面和底面也垂直于 W 面，其在 W 面上的投影积聚为平行于 OY 的直线，另两侧面在 W 面的投影为缩小的重合的长方形。

（3）正五棱柱的投影

正五棱柱的投影，如图 4-29 所示。由图可知，在立体图中，正五棱柱的顶面和底面是两个相等的正五边形，都是水平面，其水平投影重合并且反映实形；正面和侧面的投影重影为一条直线，棱柱的五个侧棱面，后棱面为正平面，其正面投影反映实形，水平和侧面投影为一条直线；棱柱的其余四个侧棱面为铅垂面，其水平投影分别重影为一条直线，正面和侧面的投影都是类似形。

正五棱柱的侧棱线 AA_0 为铅垂线，水平投影积聚为一点 $a(a_0)$，正面和侧面的投影都反映实长，即 $a'a'_0 = a''a''_0 = AA_0$。底面和顶面的边及其他棱线可进行类似分析。

【例 4-2】 已知正四棱锥体的底面边长和棱锥高，求作正四棱锥体的三面投影。

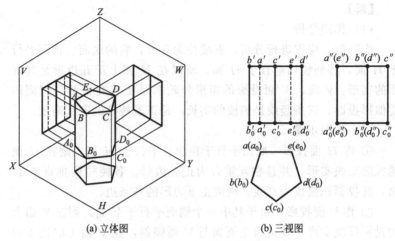

(a) 立体图　　　　　　　(b) 三视图

图 4-29　正五棱柱的投影

【解】

将正四棱锥体放置于三面投影体系中，使其底面平行于 H 面，并且 $ab \parallel cd \parallel OX$，如图 4-30 所示。根据放置的位置关系，正四棱锥体底面在 H 面的投影反映实形，锥顶 S 的投影在底面投影的

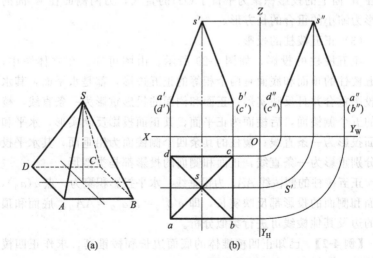

(a)　　　　　　　(b)

图 4-30　正四棱锥的三面投影

几何中心上，H 面投影中的四个三角形分别为四个锥面的投影。

棱锥面△SBA 与 V 面倾斜，在 V 面的投影缩小。△SAB 与 △SCD 对称，所以它们的投影相互重合，由于底面与 V 面垂直，其投影为一直线。棱锥面△SAD 与△SBC 与 V 面垂直，投影积聚成一斜线。W 面与 V 面投影方法一样，投影图形相同，只是所反映的投影面不同。

【例 4-3】 如图 4-31 所示圆锥体，试作圆锥体的三面投影图。

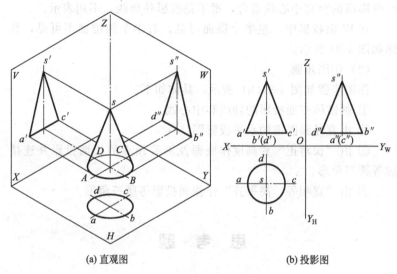

(a) 直观图 (b) 投影图

图 4-31 圆锥体的投影图

【解】

（1）投影分析

① H 面投影 因为圆锥的底面平行于水平面，所以它在 H 面的投影为圆，反映了实形。而圆锥面在 H 面的投影也为一个圆，与底圆的 H 面投影重合。由于圆锥面在底圆的上方，所以 H 面投影中，锥面可见，而底面不可见。

② V 面投影 圆锥的 V 面和 W 面投影都是三角形，此即为"三三为锥"，三角形的底边是圆锥底面的积聚。V 面投影上三角形的两腰是圆锥面上最左和最右两条素线的投影，为投影外形线，但

与它们对应的 W 面投影却不是投影外形线，而是与圆锥轴线的 W 面投影重合，所以不需表示，与它们对应的 H 面投影，成一条水平线，与 H 面投影圆周的中心线重合，也不需表示。在 V 面投影中，前半个圆锥面可见，后半个圆锥面不可见。

③ W 面投影　在 W 面投影中，投影外形线即三角形的两腰，为圆锥面上最前和最后两条素线的投影，而它们的 V 面投影与圆锥轴线的 V 面投影重合，它们的 H 面投影，为一条竖直线，与 H 面投影圆的竖直中心线重合，都不是投影外形线，不用表示。

在 W 面投影中，左半个锥面可见，右半个圆锥面不可见，具体如图 4-31 所示。

(2) 作图步骤

作图步骤如图 4-31(b) 所示，具体如下。

① 画锥体三面投影的轴线和中心线。

② 由直径画圆锥的水平投影图。

③ 由 "长对正" 和高度作底面及圆锥顶点的正面投影并连接成等腰三角形。

④ 由 "宽相等，高平齐" 作侧面投影等腰三角形。

思　考　题

1. 曲面体都有哪些种类？

2. 圆锥面上点、线应该图和投影？

3. 应该如何进行形体分析？

4. 平面立体与曲面立体相贯，应该如何投影？

5. 什么是切割式组合体？

6. 组合体应该如何进行尺寸标注？

5 绘制轴测投影

5.1 轴测投影的基本知识

多面正投影图能准确而完整地表达形体各个向度的形状和大小，且作图简便，因此在工程实践中被广泛采用。但是这样的图缺乏立体感，要有一定的投影知识才能看懂。如图 5-1 的垫座，如果画出它的三面投影图，每个投影只能反映垫座长、宽、高三个向度中的两个，缺乏立体感。如画出垫座的轴测投影图，就比较容易看出垫座各部分的形状，具有较好的立体感。

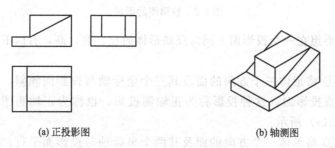

(a) 正投影图　　　　　　　　(b) 轴测图

图 5-1　正投影图和轴测图

轴测图具有较好的立体感，形象直观，便于度量，一般人都能看懂。但由于它是在一个投影面上反映形体三个向度的形状，属单面投影图，有时对形体的表达不够全面，且绘制复杂形体的轴测图也比较麻烦，故工程上常用来作为辅助图样。在产品说明书、广告设计及书刊插图等方面应用广泛。

（1）轴测投影的形成

轴测投影体系由一束平行投射线（轴测投影方向）、一个投影面（轴测投影面）和被投影形体组成。

将空间形体连同确定其空间位置的直角坐标系沿不平行于任一坐标面的方向，用平行投影法投射在单一投影面（此面称轴测投影面）上而得到的投影图叫做轴测投影图，简称轴测图，如图 5-2 所示。

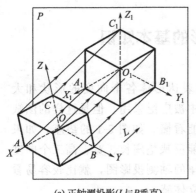
(a) 正轴测投影(L与P垂直)

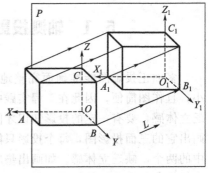
(b) 斜轴测投影(L与P不垂直)

图 5-2 轴测图的形成

要想在一个投影面上同时反映形体的长、宽、高，有以下两种方法。

① 将形体三个方向的面及其三个坐标轴与投影面倾斜，投射线垂直投影面，这种投影称为正轴测投影，也称为正轴测图，如图 5-2(a) 所示。

② 将形体一个方向的面及其两个坐标轴与投影面平行，投射线与投影面倾斜，得到的投影称为斜轴测投影，也称为斜轴测图，如图 5-2(b) 所示。

（2）轴测轴、轴间角和轴向伸缩系数

① 轴测轴　直角坐标轴 X、Y、Z 在轴测投影面上的投影 X_1、

Y_1、Z_1 称作轴测轴。

② 轴间角　轴测轴之间的夹角称为轴间角，三个轴间角之和为 360°。

③ 轴向伸缩系数　轴测轴上的单位长度与空间的对应长度的比值称为轴向伸缩系数。OX_1、OY_1、OZ_1 轴上的轴向伸缩系数分别用 P、q、r 表示。即 $p = OX_1 : OX$、$q = OY_1 : OY$、$r = OZ_1 : OZ$。轴间角和轴向伸缩系数的是绘制轴测图必须具备的要素，不同类型的轴测图有不同的轴间角和轴向伸缩系数（图 5-2）。

（3）轴测投影的投影特性

因为轴测投影仍然是平行投影，所以它必然具有平行投影的投影的特性。

① 平行性　形体上互相平行的直线，其轴测投影仍平行。

② 定比性　形体上与轴平行的线段，其轴测投影平行于相应的轴测轴，其轴向伸缩系数与相应轴测轴的轴向伸缩系数相等。只要给出各轴测轴的方向以及各轴向伸缩系数，即可根据形体的正投影图画出它的轴测投影图。画轴测图时，形体上凡平行于坐标轴的线段，都可按其原长度乘以相应的轴向伸缩系数得到轴测长度，这就是轴测图"轴测"二字的含义。

5.2　轴测图的基本画法

（1）坐标法

用坐标法画轴测图，是根据形体的特点，选择适当的轴测轴，再按坐标关系画出各点的轴测投影，然后连点成线而形成的轴测投影图。坐标法是最基本的方法，其作图步骤如下。

① 在投影图上加上坐标轴的投影，如图 5-3（a）所示（注意：为了少画虚线，原点 O_1 可放在六棱柱顶面的中心）。

② 画出坐标轴的轴测投影，如图 5-3（b）所示。

③ 根据尺寸 L、R、S，作立体顶面各点的轴测图 A、B、C、D、E、F。要注意，由于直线 AB、CD、DE 和 FA 的轴测图不

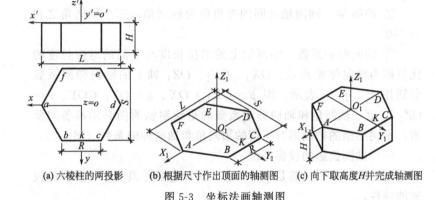

(a) 六棱柱的两投影　　(b) 根据尺寸作出顶面的轴测图　　(c) 向下取高度H并完成轴测图

图 5-3　坐标法画轴测图

反映实长，所以 BC 要利用 K 点作出，因为 O_1K 反映实长。同样，AO_1 及 O_1D 均反映实长，如图 5-3(b) 所示。

④ 分别从 A、B、C、F 点向下量取立体的高度 H，得出六棱柱底面上各个可见的点，用实线将各点连接起来，完成六棱柱的正等轴测图，如图 5-3(c) 所示。

（2）叠加法

叠加法绘制轴测投影图是先用形体分析法把形体分成几个简单的组成部分，然后按照相应位置叠加起来，形成形体的轴测投影。

图 5-4 形体是叠加组合而成的，故采用叠加法作图。先将其分解为底板（长方体）、背板（长方体）和斜板（三棱柱）三个部分。然后根据位置关系逐一画出它们的轴测投影。

① 在三面投影图上定出坐标轴的位置，如图 5-4(a) 所示。

② 画轴测轴后，先根据尺寸 a、b、c 画出底板，如图 5-4(b) 所示。

③ 根据图 5-4(a) 所示相对位置关系在底板上表面之上画背板。背板的后面与底板后面平齐，左、右表面也与底板平齐，如图 5-4(c) 所示。

④ 在底板上表面和背板前面画斜板，斜板位于形体左右对称的位置，如图 5-4(d) 所示。

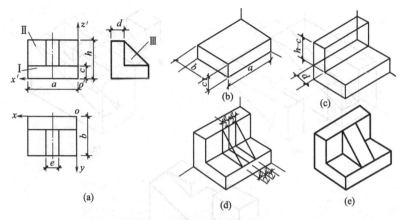

图 5-4 叠加法绘制轴测投影图

⑤ 擦去作图线，即得到形体的正等测图，如图 5-4(e) 所示。

（3）切割法

切割法是先画出完整形体的轴测图，再逐一切割被切去的部分，最后得到该形体的轴测图。

图 5-5(a) 所示形体，可分析为由一个长方体切去一个三棱柱和一个四棱柱所形成的。

① 在两面投影图上定出坐标轴位置，如图 5-5(a) 所示。

② 画轴测轴，作出长方体的轴测图，如图 5-5(b) 所示。

③ 切去三棱柱 A，如图 5-5(c) 所示。

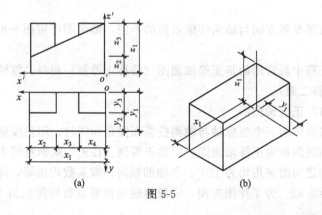

图 5-5

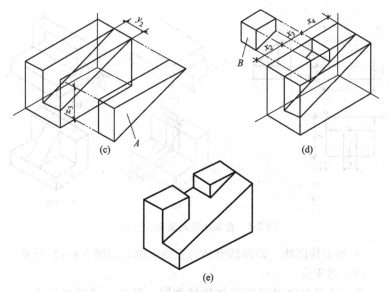

图 5-5 切割法绘制轴测投影图

④ 切去四棱柱 B，如图 5-5(d) 所示。

⑤ 擦去作图线即得形体的轴测图，如图 5-5(e) 所示。

5.3 轴测图的分类

按照投射方向与轴向伸缩系数的不同，轴测图可按图 5-6 所示分类。

工程中最常用的是正等轴测图（简称正等测）和斜二等轴测图（简称斜二测）。

(1) 正等轴测图

当形体的三个坐标轴与轴测投影面倾角相同时，用正投影法绘制的轴测图称为正等轴测图，简称正等测。在正等测轴测图中，各轴测轴之间的夹角均为 120°。各轴的轴向伸缩系数均相等，即 $p = q = r = 0.82$。为了作图方便，一般将轴向伸缩系数均简化为 1，即沿轴向尺寸可按实长量取。用简化的轴向伸缩系数画出的轴测图比原轴测图等比例放大了约 1.22 倍。正等测轴测投影的轴测轴，如图 5-7 所示。

图 5-6　轴测图的分类

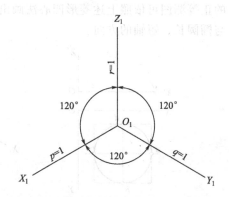

图 5-7　正等测图的轴向伸缩系数和轴间角

① 平面立体正等测图的画法　绘制形体的轴测图常采用坐标法、切割法与叠加法。其中坐标法为最基本的画法。

② 曲面立体正等测轴测图的画法　曲线在正等轴测投影中仍为曲线，物体表面的圆的轴测投影一般为椭圆。在实际作图中，对于曲线，可用坐标法求出曲线上一系列点的轴测投影，然后光滑连接。

a. 平行于坐标面的圆的正等轴测图的画法，如图 5-8 所示，平行于坐标面的圆的正等测投影都是椭圆。对于这些椭圆可用近似画法——四心扁圆法（又称菱形四心法）画出。

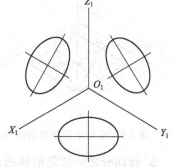

图 5-8　平行于坐标面的圆的正等轴测图

四心扁圆法的具体画法，如图 5-9 所示。圆平行于水平投影面。先作圆的外切正方形，其正等测投影为一菱形，此菱形也外切于圆的轴测投影。分别以菱形短对角线的端点 O_1、O_2 为圆心，

以 O_1D、O_2A 为半径，画出圆弧 CD、AB；分别以 O_3、O_4 为圆心，以 O_3A、O_4C 为半径，画出圆弧 AD、BC；注意菱形的两对角线是此椭圆的长轴和短轴的方向。平行于正面或侧面的圆，它们的正等测图可依照上述菱形四心法画出，但要注意菱形各边的方向与椭圆长、短轴的方向。

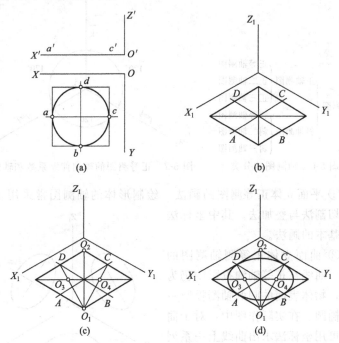

图 5-9　平行于坐标面的圆的正等轴测图的画法——四心扁圆法

b. 带四分之一圆角形体的正等测图的近似画法——切点垂线法，如图 5-10（a）所示，带有 1/4 圆角的底板，其圆角的正等轴测图的近似画法如下：首先画出不带圆角底板的轴测图，然后从顶点 C 向两边量取半径 R，得切点 A、B。过 A、B 点作边线的垂线，交点即为圆心 O_1，以圆心至切点的距离为半径，作弧便是 1/4 圆的轴测图。将圆心和切点向下平移一个底板厚度，画出同样的一段弧。右边圆角的画法与左边相同，但必须注意半径的变化，如图 5-10（b）所示。

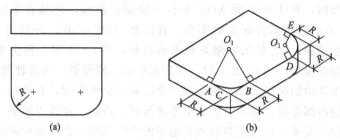

图 5-10　圆角的正等轴测图的画法

（2）斜二等轴测图

用斜投影法绘制的轴测图称为斜轴测图。此时形体的一个参考坐标面应平行于轴测投影面。在斜轴测投影中，以正立面（V 面）为轴测投影面的轴测投影称为正面斜轴测投影；以水平面（H 面）为轴测投影面的称为水平斜投影。

① 正面斜轴测图的画法　　由于在正面斜轴测投影中坐标面 XOZ 平行于 V 面，物体在 XOZ 方向的投影是反映实形的。所以轴测轴 OZ 和 OX 的夹角为 $90°$，轴向伸缩系数为 1。OY 轴的伸缩系数有两种：当 $q = 1$ 时，斜轴测图称为正面斜等测图；当 $q = 0.5$ 时，称为正面斜二测图。斜二测的投影轴及轴间角和轴向伸缩系数，如图 5-11 所示。在绘制斜轴测图时，OY 轴的方向可根据需要选择，以便画出不同方向的轴测图。

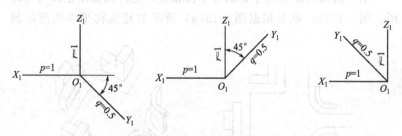

图 5-11　正面斜二测的投影轴及轴间角和轴向伸缩系数

这种作图方法称为端面法，当形体在一个方向有一系列的圆时，让这个方向与坐标面 XOZ 平行，作图就非常方便。

② 水平斜轴测图的画法　　水平斜轴测投影是以水平面作为轴

测投影面，并使坐标面 XOY 平行于轴测投影面，形体在平行于 XOY 方向的轴测投影反映实形。轴间角 $XOY = 90°$。一般将 OZ 轴铅垂绘制，OZ 轴的伸缩系数也有两种：当 $r = 1$ 时，称为水平斜等轴测投影；当 $r = 0.5$ 时，称为水平斜二测投影。这种轴测图，适宜用来绘制房屋的水平剖面或一个区域的总平面图，它可以表达建筑的内部布置，或一个区域中各建筑物、道路、设施等的平面位置及相互关系，以及建筑物和设施等的实际高度。水平斜轴测投影的轴间角和轴向伸缩系数，如图 5-12 所示。

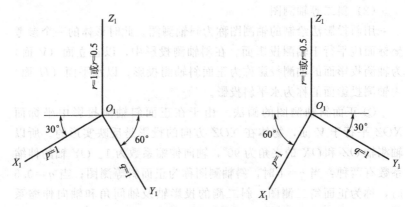

图 5-12 水平斜轴测投影的轴间角和轴向伸缩系数

水平斜轴测图常用于建筑总平面布置，这种轴测图也称为鸟瞰图。图 5-13(b) 就是根据图 5-13(a) 所示的建筑物平面图所绘制

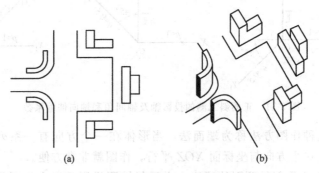

(a)   (b)

图 5-13 建筑群的平面布置图和鸟瞰图

的鸟瞰图。画图时先将水平投影向左旋转30°，然后按建筑物的高度或高度的1/2，画出每个建筑物。这样，就成了该建筑群的鸟瞰图。

5.4 轴测剖面图

工程中，轴测图能直观地反映形体的外部形状，剖面图能详细地表达形体的内部构造。为了同时表示形体的内部结构和形状，在轴测图上也常采用剖切的方法，即切掉形体的某一部分，以显示形体的内部结构。

（1）轴测剖面图的形成

在轴测图中，形体内部结构表达不清楚时，可假想用剖切面将形体的轴测图剖开，移走其中的一部分，画出剩余部分，称为轴测剖面图。如图5-14、图5-15所示。

（2）轴测剖面图的图例规定

为了使轴测剖面图能同时表达形体的内、外形状，一般采用互相垂直的平面剖切形体的1/4，剖切平面应选取通过形体主要轴线或对称面的投影面平行面作为剖切平面，如图5-14所示。

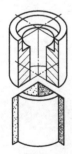
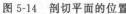

图5-14　剖切平面的位置　　　图5-15　轴测剖切中剖面线的方向画法

在轴测剖面图中，断面的图例线不再画45°方向斜线，而是与轴测坐标有关，剖切线应按断面所在坐标面的具体位置绘制，正等测和斜二测图中各坐标面上剖面线的方向，如图5-15所示。

在轴测剖面图中，断面的图例线不再画 45°方向斜线，而是与轴测坐标有关，剖切线应按断面所在坐标面的具体位置绘制，正等测和斜二测图中各坐标面上剖面线的方向，如图 5-15 所示。

（3）轴测剖面图的画法

在轴测图上画剖面，可根据需要任意切割。常见画法是先画出外形后剖切，即先按选定的轴测投影类型，画出形体的完整轴测投影，然后用平行于坐标面的平面在选定的位置进行剖切，补画出经剖切后断面的轮廓线和内部的可见轮廓线，并画出剖切断面的剖面线或具体材料图例。

钢筋混凝土基础的投影，如图 5-16（a）所示，其轴测剖面图具体画法如下：

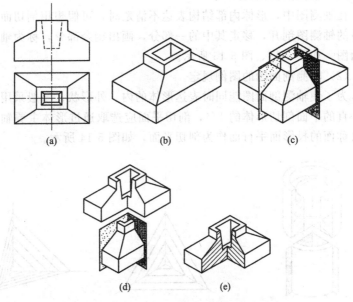

(a)　　　　(b)　　　　(c)

(d)　　　　(e)

图 5-16　轴测投影的剖切画法

① 选定轴测投影类型，并画出轴测投影图，如图 5-16（b）所示；

② 用与投影面平行的平面剖切形体，如图 5-16（c）所示；

③ 画出经剖切后断面和内部的可见轮廓线，如图 5-16（d）所示；

④ 加深断面轮廓线，按轴测投影类型画上剖面线或图例线，完成作图，如图 5-16（e）所示。

5.5 作图练习

【例 5-1】 画形体的正等轴测图，如图 5-17（a）所示。

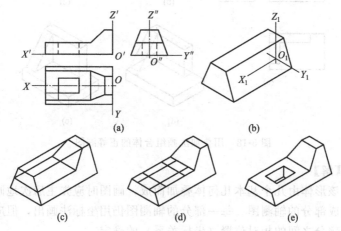

(a)　　　　　　(b)

(c)　　　　(d)　　　　(e)

图 5-17　用切割法画正等轴测图

【解】

该形体可看成是一横置的四棱柱，左上方开一缺口，再挖去一矩形孔而成的。

求解步骤：

① 确定坐标轴，如图 5-17（a）所示。

② 画出四棱柱的正等轴测图，如图 5-17（b）所示。

③ 画出左上方的缺口，一定要沿轴向量取距离，如图 5-17（c）所示。

④ 定矩形孔的位置，如图 5-17（d）所示。

⑤ 画出矩形孔，加深可见部分的轮廓线，如图 5-17(e) 所示。

注意：在正等测轴测图中不与轴测轴平行的直线不能按 1：1 量取，应先根据坐标定出两个端点，再连接而成。

【例 5-2】 画组合体的正等轴测图，如图 5-18(a) 所示。

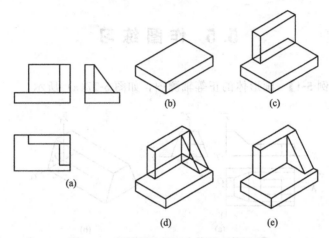

图 5-18　用叠加法画组合体的正等测图

【解】

该形体由几个基本几何体叠加而成，画图时应先主后次地画出各组成部分的轴测图。每一部分的轴测图仍用坐标法画出，但应注意各部分之间的相对位置（坐标关系）的确定。

求解步骤：

① 画出水平矩形板的轴测图，如图 5-18(a) 所示。

② 画出正立矩形板的轴测图，注意与水平板的相对位置，如图 5-18(b) 所示。

③ 画出右面三角板的轴测图，同样注意它的位置，如图 5-18 (c) 所示。

④ 检查，加深可见部分的轮廓线即成，如图 5-18(d) 所示。

对于由几个基本体叠加而成的组合体，宜在形体分析的基础上，将各基本体逐个画出，最后完成整个形体的轴测图，此种方法称为叠加法。

【例 5-3】 画圆柱和圆台的正等轴测图，如图 5-19 所示。

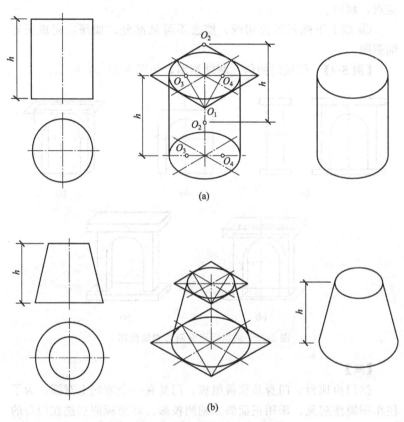

(a)

(b)

图 5-19　圆柱和圆台的正等轴测图

【解】

画圆柱、圆台的正等轴测图时，其上、下底圆的正等轴测图可按上述的四心扁圆法画出。圆柱、圆台的侧面轮廓线应是上、下两个椭圆的公切线。

求解步骤：

① 画出轴测轴，用四心扁圆法画上底面的椭圆。为简化作图，可取上底面的圆心为轴测轴的原点。

② 画下底面的椭圆，可用四心扁圆法画出，也可将上底椭圆

中的各圆弧连接点和各圆心沿 OZ 轴向下移 h，求得下底椭圆的相应点，画出。

③ 画上下椭圆的公切线，擦去不可见部分，加深，完成正等轴测图。

【例 5-4】 作拱门的斜二测轴测图，如图 5-20(a) 所示。

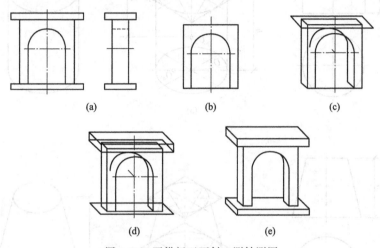

(a)　　　　　　(b)　　　　　　(c)

(d)　　　　　　(e)

图 5-20　画拱门正面斜二测轴测图

【解】

拱门由地台、门身及顶板组成。门身在一个方向上有圆，为了使作图简便起见，采用正面斜二轴测投影。将坐标原点选在门身的对称处，OY 轴与门身上圆的轴线重合。这样圆的端面所在的表面与坐标面 XOZ 重合，则这些圆的轴测投影仍为圆。

求解步骤：

① 将拱门的正面投影直接抄画在轴测图上，如图 5-20(b) 所示。

② 完成拱门并画出顶板前后缘轮廓线，如图 5-20(c) 所示。

③ 完成顶板并画出地台前后缘轮廓线，如图 5-20(d) 所示。

④ 画出地台，加深，完成拱门的正面斜二测投影图，如图 5-20(e) 所示。

思 考 题

1. 轴测投影是如何形成的？
2. 切割法的特点是什么？
3. 轴测图都有哪些种类？
4. 应该如何画轴测剖面图？
5. 什么是轴测剖面图？
6. 轴测图都有哪些基本画法？

6 绘制剖面图与断面图

6.1 绘制剖面图

6.1.1 剖面图的形成

　　以某台阶（图 6-1）剖面图来说明剖面图的形成。如假想用一平行于 W 面的剖切平面 P 剖切此台阶，并移走左半部分，将剩下的右半部分向 W 面投射，即可得到该台阶的剖面图，如图 6-2 所示。为了在剖面图上明显地表示出形体的内部形状，根据规定，在剖切断面上应画出建筑材料符号，以区分断面（剖到的）与非断面（未剖到的），如图 6-2 所示的断面上是混凝土材料。在不需指明材料时，可以用平行且等距的 45°细斜线来表示断面。

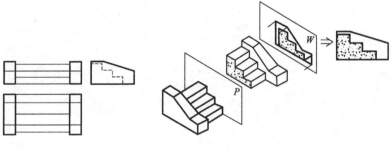

图 6-1　台阶的三视图　　　　　　图 6-2　剖面图的形成

6.1.2　剖面图画法

　　① 确定剖切位置。画剖视图时，应根据被剖切物的特征选择剖切位置，以便正确完整地反映所要表达的形状，所以剖切平面一般应选择物体的对称面、过孔的轴线或是能够完全反映构建物内部形态的位置且平行于投射面。

　　② 剖面图的剖切符号应由剖切位置线及剖切投影方向组成，均应以粗实线绘制。剖切位置线的长度宜为 6～10mm；剖切投影方向线应垂直于剖切位置线，宜为 4～6mm。画图时，剖面剖切符号不宜与图面上的图线相接触，如图 6-3 所示。

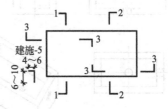

图 6-3　剖面图画法

　　③ 剖切符号的编号，一般采用阿拉伯数字，按顺序由左至右、由下至上连续编排，并应注写在剖切投影方向线的端部。需要转折的剖切位置线，在转折处如与其他图线发生混淆，应在转角的外侧加注与该符号相同的编号，如图 6-3 所示。

　　④ 凡被剖切到的轮廓线用粗实线画出，沿投影方向看到的部分，其轮廓线一般用中实线画出；同时应在剖切截面上画上该形体采用的建筑材料图例。

6.1.3　剖面图的种类

　　根据剖面所剖切位置、方向和范围不同，常把剖面图分为全剖面图、半剖面图、阶梯剖面图、展开剖面图、局部剖面图和分层剖面图六种。

　　(1) 全剖面图

　　对于不对称的建筑形体，或虽然对称但外形较简单，或在另一投影中已将其外形表达清楚时，可以假想使一剖切平面将形体全剖切开，这样得到的剖面图就叫全剖面图。全剖面图一般应进行标注，但当剖切平面通过形体的对称线，且又平行于某一基本投影面时，可不标注。

如图6-4所示的水槽形体，该形体虽然对称，但比较简单，分别用正平面、侧平面剖切形体得到1—1剖面图、2—2剖面图，剖切平面经过了溢水孔和池底排水孔的中心线，剖切位置如图6-4 (b) 所示。

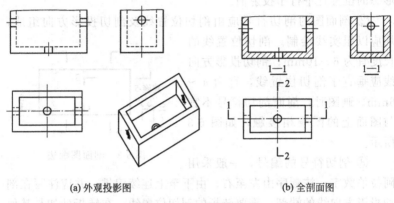

(a) 外观投影图　　　　　　　　　　　(b) 全剖面图

图 6-4　水槽的全剖面图

（2）半剖面图

当形体的内、外部形状均较复杂，且在某个方向上的视图为对称图形时，可以在该方向的视图上一半画没剖切的外部形状，另一半画剖切开后的内部形状，此时得到的剖面图称为半剖面图。如图6-5所示为一个杯形基础的半剖面图。在正面投影和侧面投影中，都采用了半剖面图的画法以表示基础的外部形状和内部构造。画半剖面图时，应注意以下几点：

① 半剖面图和半外形图应以对称面或对称线为界，对称面或对称线画成细单点长画线。

② 半剖面图一般应画在水平对称轴线的下侧或竖直对称轴线的右侧。一般不画剖切符号和编号，图名沿用原投影图的图名。

③ 对于同一图形来说，所有剖面图的建筑材料图例要一致。

④ 由于在剖面图一侧的图形已将形体的内部形状表达清楚。因此，在视图一侧不应再画表达内部形状的虚线。

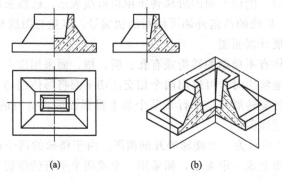

(a)   (b)

图 6-5　杯形基础的半剖面图

（3）阶梯剖面图

当形体上有较多的孔、槽等内部结构，且用一个剖切平面不能都剖到时，则可假想用几个互相平行的剖切平面，分别通过孔、槽等的轴线将形体剖开，所得的剖面图称为阶梯剖面图，如图 6-6所示。

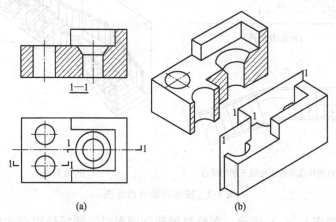

(a)   (b)

图 6-6　阶梯剖面图

在阶梯剖面图中，不能把剖切平面的转折平面投影成直线，并且要避免剖切面在图形轮廓线上转折。阶梯剖面图必须进行标注，其剖切位置的起、止和转折处都要用相同的阿拉伯数字标注。在画剖切符号时，剖切平面的阶梯转折用粗折线表示，线段长度一般为4～6mm，折线的凸角外侧可注写剖切编号，以免与图线相混。

（4）展开剖面图

当形体有不规则的转折或有孔、洞、槽，而采用以上三种剖切方法都不能解决时，可以用两个相交剖切平面将形体剖切开，得到的剖面图经旋转展开，平行于某个基本投影面后再进行的正投影，称为展开剖面图。

图6-7所示为一个楼梯展开剖面图。由于楼梯的两个梯段间在水平投影图上成一定夹角，如果用一个或两个平行的剖切平面无法将楼梯表示清楚时，可以用两个相交的剖切平面进行剖切，然后移去剖切平面和观察者之间的部分，将剩余楼梯的右面部分旋转至与正立投影面平行后，即可得到其展开剖面图，如图6-7（a）所示。

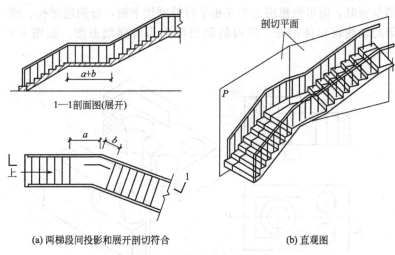

(a) 两梯段间投影和展开剖切符合　　　　　(b) 直观图

图 6-7　楼梯的展开剖面图

如图6-7（a）所示，在绘制展开剖面图时，转折处用粗实线表示，每段长度为4～6mm。剖面图绘制完成后，可在图名后面加上"展开"二字，并加上圆括号。

（5）局部剖面图

当形体某一局部的内部形状需要表达，但又没必要作全剖或不适合作半剖时，可以保留原视图的大部分，用剖切平面将形体的局部剖切开而得到的剖面图称为局部剖面图。如图 6-8 所示的杯形基础，其正立剖面图为全剖面图，在断面上详细表达了钢筋的配置，所以在画俯视图时，保留了该基础的大部分外形，仅将其一角画成剖面图，反映内部的配筋情况。

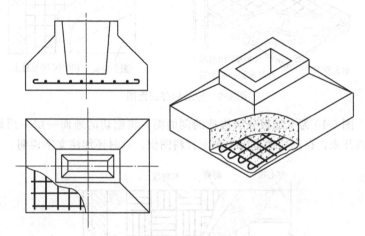

图 6-8　杯形基础的局部剖面图

画局部剖面图时应注意以下几点。

① 局部剖面图与视图之间要用波浪线隔开，且一般不需标注剖切符号和编号。图名用原投影图的名称。

② 波浪线应是细线，与图样轮廓线相交（注意：画图时不要画成图线的延长线）。

③ 波浪线不能与视图中的轮廓线重合，也不能超出图形的轮廓线。

（6）分层剖面图

对一些具有分层构造的工程形体，可按实际情况用分层剖开的方法得到其剖面图，称为分层剖面图。

如图 6-9 所示为分层局部剖面图，反映地面各层所用的材料和构造的做法，多用来表达房屋的楼面、地面、墙面和屋面等处的构造。分层局部剖面图应按层次以波浪线将各层分开，波浪线也不应与任何图线重合。

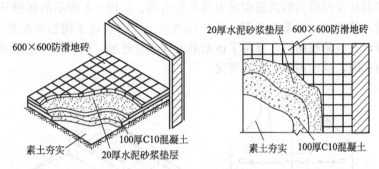

图 6-9　分层局部剖面图

图 6-10 为木地板分层构造的剖面图，将剖切的地面一层一层地剥离开来，在剖切的范围中画出材料图例，有时还加注文字说明。

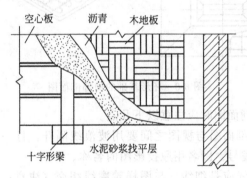

图 6-10　木地板的分层剖面图

总之，剖面图是工程中应用最多的图样，必须掌握其画图方法，能准确理解和识读各种剖面图，提高识图能力。

6.1.4　剖面图的标注

剖面图中的尺寸标注方法与组合体视图的尺寸标注方法基本相同，均应遵循国家制图标注的有关规定。对于半剖面图，因其图形不完整而造成尺寸组成欠缺时，在尺寸组成完整的一侧，尺寸线、尺寸界限的标注方法不变，尺寸数字仍按图形完整时书写，但应将尺寸线画过对称中心线，如图 6-11 所示。

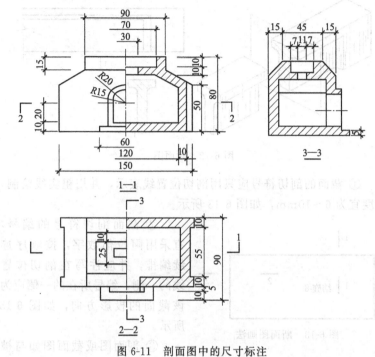

图 6-11　剖面图中的尺寸标注

6.2　绘制断面图

6.2.1　断面图的形成

　　断面图是指假想用剖切平面将物体剖切后，只画出剖切平面切到部分的图形。对于某些单一的杆件或需要表示某一局部的截面形状时，可以只画出断面图，如图 6-12 所示。

6.2.2　断面图的画法

　　断面图的画法如下。

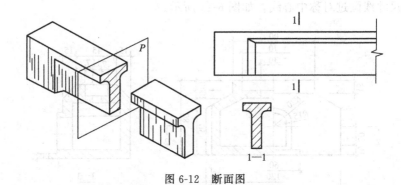

图 6-12   断面图

① 截面的剖切符号应只用剖切位置线表示，并用粗实线绘制，长度宜为 6~10mm，如图 6-13 所示。

② 截面剖切符号的编号，宜采用阿拉伯数字，按顺序连续编排，并应注写在剖切位置线的一侧；编号所在的一侧应为该截面的投影方向，如图 6-13 所示。

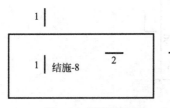

图 6-13   断面图画法

③ 剖面图或截面图如与被剖切图样不在同一张图纸内，可在剖切位置线的一侧注明其所在图纸的图纸号（如结施-8），也可在图纸上集中说明。

④ 为重点突出截面的形体，截面的轮廓线用粗实线画出；同时在截面上画出该形体的材料图例符号。

6.2.3   断面图的种类

（1）移出断面图

移出断面图是指画在投影图外面的断面图。移出断面图可以画在剖切线的延长线上、视图中断处或其他适当的位置。

在绘制移出断面图时应注意以下几点。

① 移出断面的轮廓线应采用粗实线画出。

② 当移出断面配置在剖切位置的延长线上且断面图形对称时，可

只画点画线表示剖切位置，不需标注断面图名称，如图 6-14(a) 所示。

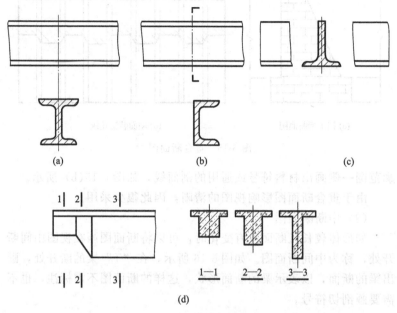

图 6-14　移出断面图

③ 当断面图形不对称时，则要标注投射方向，如图 6-14(b)所示。

④ 当断面图画在图形中断处时，不需标注断面图名称，如图 6-14(c) 所示。

⑤ 当形体有多个断面时，断面图名称宜按顺序排列，如图 6-14(d) 所示。

（2）重合断面图

重合断面图是指将断面图直接画在投影图轮廓内的断面图，如图 6-15(a) 所示。

① 重合断面图的比例与投影图相同。重合断面图的轮廓线应与视图的轮廓线有区别，在建筑图中通常采用比视图轮廓线较粗的实线画出。

② 重合断面图通常不加标注。断面不闭合时，只需在断面轮

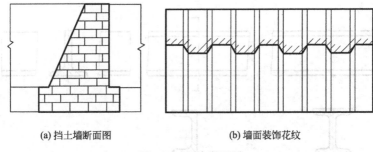

| (a) 挡土墙断面图 | (b) 墙面装饰花纹 |

图 6-15　重合断面图

廓范围一侧画出材料符号或通用的剖面线，如图 6-15（b）所示。

由于重合断面图影响视图的清晰，因此很少采用。

（3）中断断面图

如形体较长且断面没有变化时，可以将断面图画在视图中间断开处，称为中间断面图。如图 6-16 所示，在"T"梁的断开处，画出梁的断面，以表示梁的断面形状，这样的断面图不需标注，也不需要画剖切符号。

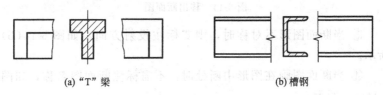

| (a) "T" 梁 | (b) 槽钢 |

图 6-16　中断断面图

6.2.4　断面图的标注

在建筑制图中，一般只对画在视图外的断面图进行标注，断面图的剖切符号只画剖切位置线，且画为粗实线，长度为 6～10mm。断面编号采用阿拉伯数字按顺序连续编排，并注写在剖切位置线一侧，编号所在的一侧表示该断面的投射方向。在断面图的下方，书写与该图对应的剖切符号的编号作为图名，并在图名下方画一等长的粗实线，如图 6-17 所示。画在视图内的断面图不必标注。

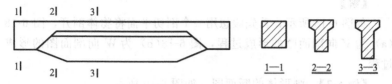

图 6-17 断面图标注

① 不画在剖切线延长线上的移出断面图，其图形又不对称时，必须标注剖切线、剖切符号和数字，并在断面图下方用相同数字标注断面图的名称。

② 画在剖切线、剖切符号延长线上的移出断面图，当其图形不对称时，只需标注剖切符号、数字，不对称的重合断面图也如此标注。

③ 画在剖切线上的重合断面图，或画在剖切线延长线上的移出断面图，其图形对称时可以不加标注。配置在视图断开处的对称移出断面图，也可以不加标注。

6.3 作图练习

【例 6-1】 画形体的剖面图，如图 6-18 所示。

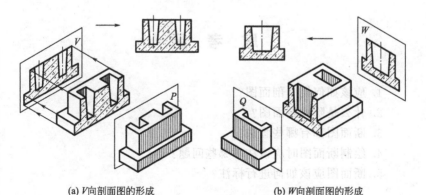

(a) V向剖面图的形成　　　　　　(b) W向剖面图的形成

图 6-18 剖面图的形成（以双杯基础为例）

【解】

如图 6-18 所示，首先假想用一个剖切平面将物体剖开，图 6-18 (a) 为 V 向剖面图的形成过程，图 6-18(b) 为 W 向剖面图的形成过程。

【例 6-2】 画形体的断面图，如图 6-19 所示。

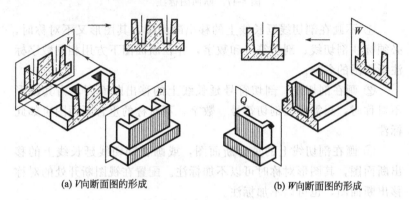

(a) V向断面图的形成　　　　　　　　　　　(b) W向断面图的形成

图 6-19　断面图的形成

【解】

如图 6-19 所示，首先假想用一个平行于投影面的剖切平面把形体切开，图 6-19(a) 为 V 向断面图的形成过程，图 6-19(b) 为 W 向断面图的形成过程。

思 考 题

1. 应该如何绘制剖面图？
2. 什么是阶梯剖面图？
3. 断面图都有哪些画法？
4. 绘制断面图时应该注意哪些问题？
5. 断面图应该如何进行标注？

绘制透视投影

7.1 透视的基础

（1）透视的概念

在人与物体之间设一个画面，假设人眼与物体的各顶点连线都与画面交于一点，则这些交点就是相应的顶点在画面上的透视。连接各点，就可以得到物体在画面上的透视图。透视图是利用中心投影法绘制的，如图 7-1 所示。

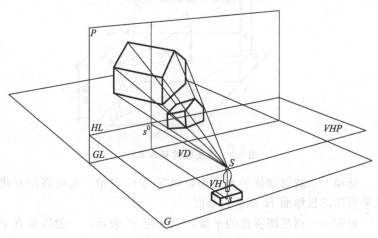

图 7-1 透视的形成

（2）透视图特征

透视图与正投影图相比，具有如下特点。

① 近高远低　即等高的形体，与画面距离越近越高，越远越低。

② 近宽远窄　即等宽的形体，与画面距离越近越宽，越远越窄。

③ 近大远小　即体量相等的物体，与画面距离越近越大，越远越小。

④ 与画面平行的线，在透视图中仍然相互平行。

（3）透视图术语

透视图的基本术语，如图7-2所示。

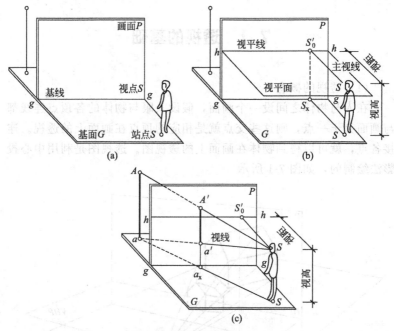

图 7-2　透视图的基本术语

基面——放置物体的水平面，以字母 G 表示，也可将绘有建筑平面图的投影面 H 理解为基面。

画面——透视图所在的平面，以字母 P 表示，一般以垂直于基面的铅垂面为画面。

基线——画面与基面的交线，在画面上以 $g\text{-}g$ 表示基线，在平面图中则以 $p\text{-}p$ 表示画面的位置。

视点——人眼所在的位置，即投影中心 S。

站点——视点 S 在基面 G 上的正投影 S。

视高——视点到基面的垂直距离。

视平面——通过视点 S 所作的水平面。

视平线——视平面与画面的交线，以 hh 表示。

心点——视点 S 在画面 P 上的正投影 S'_0。

主视线——通过视点 S 而垂直于画面的视线，即视点 S 和心点 S'_0 的连线 SS'_0。

视线——视点 S 与直线端点 A 的连线。

（4）透视图类别

根据物体与画面相对位置的不同，物体长、宽、高三个主要方向的轮廓线，与画面可能平行，也可能相交。平行的轮廓线没有灭点，相交的轮廓线有灭点。透视图根据三组主要方向轮廓线灭点的数量分为：一点透视、两点透视、三点透视。

① 一点透视　三组主要方向轮廓线中，只有一组与画面垂直相交，所以灭点就是视心。一般用来表现室内、街景、大门等有一定深度的画面。

如图 7-3 所示，形体的某一个面与画面平行，三个坐标轴 X、Y、Z 中，只有一个轴与画面垂直，另两轴与画面平行。在这种透视图中，与三个轴平行的直线，只有一个轴向的透视线有灭点，这样形成的透视，即为一点透视。

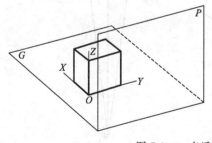
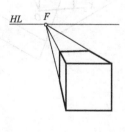

图 7-3　一点透视

② 两点透视 三组主要方向轮廓线中，有两组与画面相交，高度方向与画面平行。由于两个相交的垂直立面与画面成一定夹角，故称为两点透视，也称为成角透视。如图 7-4 所示，形体的三个坐标轴 X、Y、Z 中，任意两个轴（通常为 X、Y 轴）与画面倾斜相交，第三轴（Z 轴）与画面平行。与画面相交的两个轴向的透视线有灭点，这样形成的透视即为两点透视。

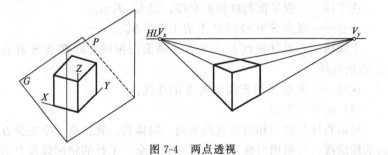

图 7-4 两点透视

③ 三点透视 当画面倾斜于基面时，物体的三组主向轮廓线均与画面相交，画面上有三个方向的灭点，故称为三点透视。图 7-5 所示即为三点透视的形成，它常用于绘制高层建筑，但因其失

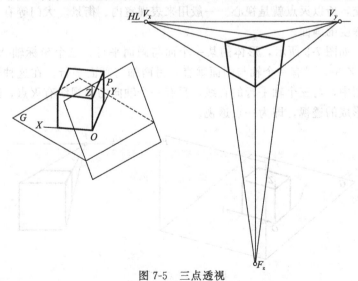

图 7-5 三点透视

真较大，绘制也较烦琐，园林工程中不常用。

7.2　透视图绘制方法

7.2.1　视线法

视线法求作平面图形的两点透视，如图 7-6 所示，已知基面上的平面图形 abcd 以及画面的位置、站点、视高，用视线法求平面图形的两点透视。

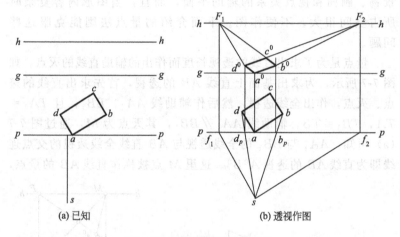

(a) 已知　　　　　　　　　(b) 透视作图

图 7-6　视线法作平面的透视

分析：直线 ab、cd 及 ad、bc 为两组相互平行的水平线，它们的灭点在视平线上。先求出全线透视，然后再求出端点透视。

作图步骤：

① 作迹点　a 点在画面上，其透视为本身，a 为直线 ab、ad 的迹点。由 a 向上作垂线，交 g-g 线于 a^0。

② 求灭点　过 s 分别作 ad、ab 的平行线，交 p-p 于 f_1 和 f_2，由 f_1 和 f_2 向上作垂线，交 h-h 于 F_1、F_2，即为 ad、bc 及 ab、dc 的灭点。

③ 作全透视　连接 a^0F_1 和 a^0F_2。

④ 端点透视　连接 sd 交 PP 线与 d_p 点，由 d_p 点向上引垂线交口 a^0F_1 于 d^0 点，则 d^0 点为 d 点的透视，同理得 b 点的透视 b^0。连接 d_0F_2 和 b_0F_1，两线相交于 c_0，则 $a_0b_0c_0d_0$ 为平面 $abcd$ 的两点透视。用视线法作一点透视的方法同两点透视类似，灭点为心点，这里不再介绍。

7.2.2　量点法

量点法求平面图形的透视用视线法作透视图时，要有一个景物、画面和视点关系的辅助平面，而且，当图形内容复杂时所占空间很大，不便作图。下面介绍的量点法则能克服这些问题。

量点是为了求出直线的透视长度而作出的辅助直线的灭点，如图 7-7 所示，为求出基面上直线 AB 的透视，首先求出直线的迹点、灭点，作出全线透视，然后作辅助线 AA_1、BB_1，且 $TA_1 = TA$，$TB_1 = TB$，辅助线 AA_1 ∥ BB_1，其灭点为 M，通过图 7-7 (a) 可知，AA_1 与 BB_1 的全线透视与 AB 直线全线透视的交点连线即为直线 AB 的透视 A^0B^0。这里 M 点被称作直线 AB 的量点，

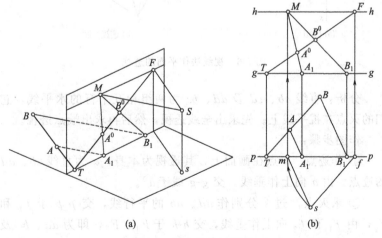

(a)　　　　　(b)

图 7-7　量点法作图原理

由图 7-7(b) 可知，$FM = fs$。

如图 7-8(a) 所示，给出了基面上的平面图形，并选定了站点 s 和画面位置线 p-p，平面上的一点 a 在画面上，其余在画面后，用量点法作平面的透视。

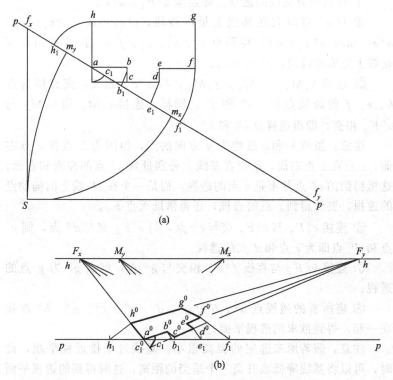

(a)

(b)

图 7-8　量点法作两点透视图

作图步骤：

① 确定灭点和量点　首先从站点分别作两组方向线的平行线，与 p-p 线交于点 f_x 和 f_y，得到两个灭点 f_x 和 f_y，然后以 f_y 为圆心，以 sf_y 长为半径作弧交 p-p 线于点 m_y，以 f_x 为圆心，以 sf_x 长为半径作弧交 p-p 线于点 m_x，得到两个量点 m_x 和 m_y，将平面图求得的点 f_x、f_y、m_x、m_y 以不变的距离量到

视平线上，得到量点 M_x、M_y 和相应灭点 F_x、F_y，如图 7-8(b) 所示。

② 将平面图上的点 a 移到透视图的 g-g 线上，即得到点 a 的透视 a^0，要注意的是不能改变它相对于灭点的左右距离。

③ 作两个方向线的透视，即连接 $a^0 F_x$、$a^0 F_y$。

④ 自 a^0 点向右在基线上量取线段，$a^0 c_1 = bc$；$a^0 b_1 = ab$；$a^0 e_1 = ae$；$a^0 f_1 = af$；得到点 c_1、b_1、e_1、f_1，自 a^0 点向左在基线上量取取线段，$a^0 h_1 = ah$。

⑤ 连接 $b_1 M_y$、$e_1 M_y$、$f_1 M_y$，与 $a^0 F_y$ 相交，交点即为点 b、e、f 的透视点 b^0、e^0 和 f^0。同样，连接 $c_1 M_x$ 和 $h_1 M_x$ 与 $a^0 F_x$ 相交，即得透视点 c_1^0 和 h^0。

注意：虽然 h 和 c 点均为 y 方向的点，但因为 h 点在 a 点左面，c 点在 a 点右面，所以在基线上分别量到 a^0 点的左面和右面；这里得到的 c_1^0 点并不是 c 点的透视，而是一个在 ah 线上的辅助点的透视，要想得到 c 点的透视，还得借助灭点 F_y。

⑥ 连接 $c_1^0 F_y$ 与 $b^0 F_x$ 交与 c^0 点，与 $e^0 F_x$ 交与 d^0 点，则 c^0 点和 d^0 点即为 c 点和 d 点的透视。

⑦ 连接 $h^0 F_y$ 与直线 $f^0 F_x$ 相交与 g^0 点，则点 g^0 为 g 点的透视。

⑧ 将所有的透视点 a^0、b^0、c^0、d^0、e^0、f^0、g^0、h^0 连接在一起，得到欲求的透视平面。

注意：假若原来选定的视高很小，基线过于接近视平线，此时，可以将基线降低或升高一个适当的距离，这时得到的透视平面图就很清晰。

7.2.3 距点法

在求作一点透视时，物体只有一组主方向轮廓线，由于与画面垂直而产生灭点，即心点 s^0。这样画面垂直线的透视就都指向心点，因此，在实际作图时，只需按点 A、B 对画面的距离，直接在基线上量得点 A^0 及 B^0 即可。量点 D 为 45°辅助直线的灭点，点 D 到心点 s^0 的距离，等于视点对画面的距离，即视距，量点 D

称为距点，利用距点 D，按画面垂直线上的点对画面的距离，求得该点的透视。这样的距点可取在心点 s^0 的左侧，也可取在右侧，如图 7-9 所示。

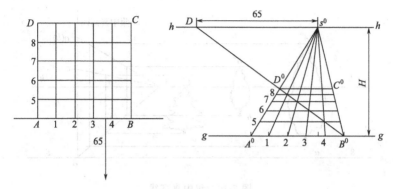

图 7-9 方格网的一点透视

已知图 7-9 的方格网及视高 H，用距点法作其一点透视。

7.3 透视参数的确定

由前面的知识知道，视点、画面和物体形体是形成透视图的三个基本要素。这三者之间的相对位置关系直接影响到透视图的最终效果，所以在作透视图之前就要选择确定好适宜的透视参数。

（1）视点的确定

视点的确定包括确定站点的位置及视高。

① 确定站点的位置　站点的位置应当在符合人眼视觉要求的位置上，同时还要考虑站点位置在实际环境中是不是许可的。当人眼观察物体时，视线构成一个近似于以人的眼睛为锥顶的正圆锥，这个圆锥称为视锥，视锥与画面相交所形成的圆形范围称为视野，视锥的顶角称为视角。如图 7-10 所示。据测定，视角在 60°范围以内时，视野清晰，而在 30°～40°时，视觉效果最好，在特殊情况

下，视角也可稍大于 60°，但不能超过 90°，否则透视图就会失真，而且视角越大，失真越严重，如图 7-11 所示。图 7-12 为不同视角的透视图效果。

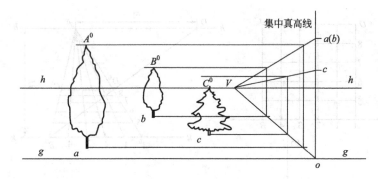

图 7-10　集中真高线

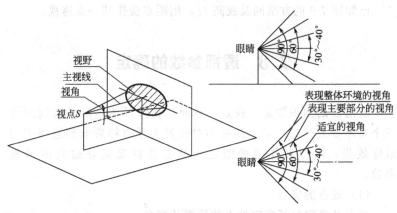

图 7-11　视圆锥示意图

画透视图时，主要是通过调整视距来控制视角的。经计算，当视距等于画面宽度的 1.5～2.0 倍，视角在 28°～37°范围内时，画出的透视图效果最好，如图 7-13 所示。

另外，为了保证物体的透视效果图全面、不失真，还应使站点的位置位于画面中间的 1/3 的范围内，如图 7-14 所示。

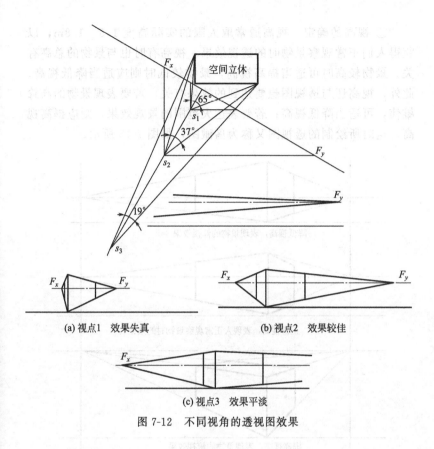

空间立休

65°

s_1

37°

F_x

F_y

s_2

19°

s_3

F_y

F_x F_y

(a) 视点1 效果失真

F_x F_y

(b) 视点2 效果较佳

F_x

(c) 视点3 效果平淡

图 7-12 不同视角的透视图效果

画面宽度

53°

37°

28°

视距=1倍画面宽
视距=1.5倍画面宽
视距=2倍画面宽

图 7-13 视距与画面宽度关系

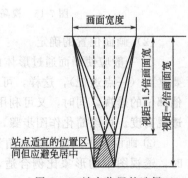

画面宽度

视距=1.5倍画面宽
视距=2倍画面宽

站点适宜的位置区
间但应避免居中

图 7-14 站点位置的选择

② 视高的确定　视高通常取人眼的实际高度 1.5～1.8m，以获得人们正常观察景物时的透视效果。视高有时也与景物的总高有关。景物较高时可适当提高视高，景物较低时则应适当降低视高。此外，视高还与透视图想要达到的效果有关，若要表现景物的高耸雄伟，可适当降低视高；若要表达大范围的景观效果，则应提高视高，这时所绘制的透视图又称为鸟瞰图，如图 7-15 所示。

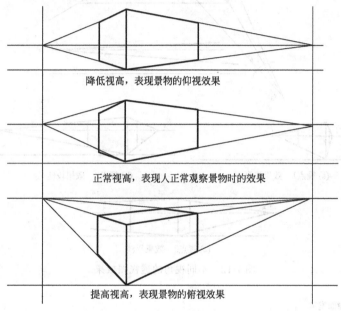

降低视高，表现景物的仰视效果

正常视高，表现人正常观察景物时的效果

提高视高，表现景物的俯视效果

图 7-15　视高对透视效果的影响

(2) 画面位置的确定

① 一般应使画面通过形体的一个转角（两点透视）或一个主要立面（一点透视），这样，可直接利用这个点或边来确定形体其他部位的透视，同时，又可利用它在画面上这一特征，确定形体的透视高度。可以简化作图步骤，节省作图时间。

② 画面与主立面间的夹角为画面偏角。一般当画面偏角为 30°时，透视图中的形象比例合适，主次分明，效果较好，如图 7-16所示。选择画面偏角时还应注意避免建筑物的两个立面与画面的偏

角相等，否则所画立面形象呆板，效果差，如图 7-17 所示。

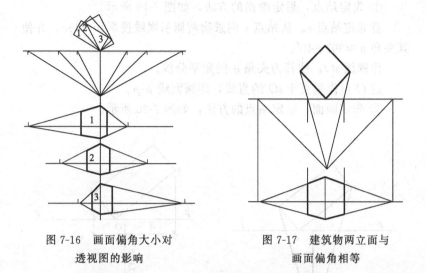

图 7-16　画面偏角大小对　　　　图 7-17　建筑物两立面与
　　　　透视图的影响　　　　　　　　　　　画面偏角相等

③ 画面的选择还应注意所绘透视图应能反映形体的主要特征，如图 7-18 所示。图 7-18（a）能反映建筑主要特征，图 7-18（b）不能反映建筑主要特征。

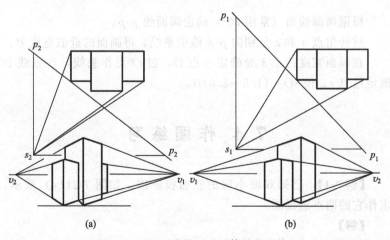

(a)　　　　　　　　　　　　　　　(b)

图 7-18　透视图应能反映形体的主要特征

（3）站点、画面在平面图中的选择方法

① 先定站点，后定画面的方法，如图 7-19 所示。

首先定站点 s。从站点 s 向景物两侧引视线投影 sa 和 sc，并使其夹角 $a\approx30°\sim40°$。

作视线 sO，使其为夹角 a 的角平分线。

过 O 点作垂直于 sO 的直线，即画面线 p-p。

② 先定画面，后定站点的方法，如图 7-20 所示。

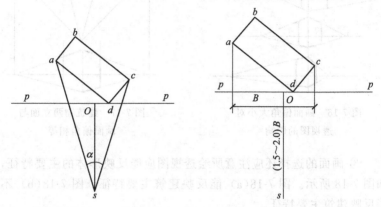

图 7-19　先定站点，后定画面的方法　　图 7-20　先定画面、后定站点的方法

根据画面偏角（常用 30°）确定画面线 p-p。

过转角点 a 和 c 分别向 p-p 线引垂线，得画面的近似宽度 B。

在画面宽度约 1/3 处确定一点 O，过 O 点作垂线，在垂线上确定站点 s，使 $sO=(1.5\sim2.0)B$。

7.4　作图练习

【例 7-1】　已知双坡小房的三面投影图，如图 7-21（a）所示，求作它的两点透视图。

【解】

作图步骤：

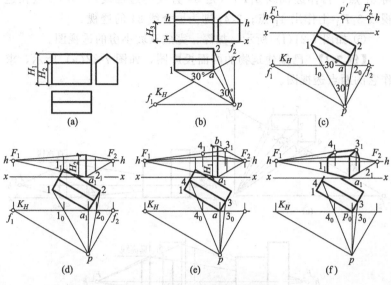

图 7-21　双坡小房的两点透视图

① 如图 7-21(b) 所示，在小房的水平投影上，过墙角点 a 作画面迹线 K_H，且与直线 a_1（正面墙面的水平投影）成 30°角；过 a 点画主视线的投影，确定站点 p。再过 p 点分别作直线平行于 a_1 和 a_2，与迹线 K_H 相交得灭点的投影 f_1 和 f_2。在正面投影上，按图的比例（本图没有给出，实际的房屋图中都标有比例）选取视高（如 1.7m），画出基线 xx 和视平线 hh。

② 如图 7-21(c) 所示，为便于画透视图，把图 7-21(b) 中 H 面上的全部内容移到图纸的适当位置，使迹线 K_H 保持水平，在其上方或下方按所选视高作出基线 xx 和视平线 hh，并根据 f_1 和 f_2 的位置在视平线 hh 上求出灭点 F_1 和 F_2。

③ 如图 7-21(d) 所示，过 a_1 点在画面上立真高线，按高度 H_2 作小房墙身（长方体）的透视。

④ 如图 7-21(e) 所示，作双坡屋顶部分的透视（关键是作屋脊线 34 的透视 $3_1 4_1$）。先在真高线上量取屋脊高度 H_1，得 b_1 点，作透视线 $b_1 F_2$，由 3_0 点向上引 K_H 线的垂线，与透视 $b_1 F_2$ 相交

得 3_1 点；再作透视线 $3_1 F_1$（是 34 直线的透视线），由 4_0 点在透视线 $3_1 F_1$ 上作出 4_1 点；$3_1 4_1$ 即为屋脊线 34 的透视。

⑤ 如图 7-21(f) 所示，加深，完成双坡小房的透视图。

【例 7-2】 已知建筑物的两面投影图，如图 7-22(a) 所示，求作它的两点透视图。

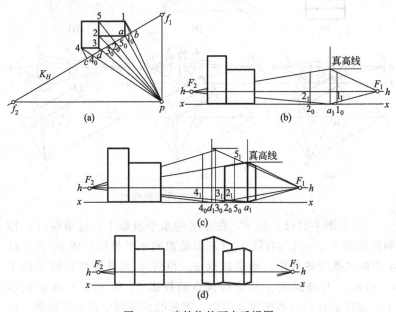

图 7-22 建筑物的两点透视图

【解】

作图步骤：

① 按视点的选择原则，在图 7-22(a) 中确定视平线 hh，迹线 K_H，站点 p，f_1 和 f_2，并作出建筑物各可见角点的视线投影与 K_H 线的交点 1_0、2_0、3_0、4_0 和 5_0 等。

② 如图 7-22(b) 所示，作建筑物右半部较矮部分墙身的透视。

③ 如图 7-22(c) 所示，作建筑物左半部较高部分墙身的透视；在图 7-22(a) 中，把 23 线延长到 K_H 上（相当于把过 3 点的墙角线，沿墙身宽方向推移到画面上），得交点 d，然后在图 7-22(c)

的 xx 线上量取 $a_1d_1=ad$，得 d_1 点，过 d_1 点立一真高线，在此线上量取左半部墙身的高度，向 F_1 作透视线，与过 3_0 点向上引的垂线相交，得此墙角的透视。其余作图已在图中表明。

④ 如图 7-22(d) 所示，加深，完成透视图。

【例 7-3】 已知建筑物的两面投影图，如图 7-23(a) 所示，求作它的两点透视图。

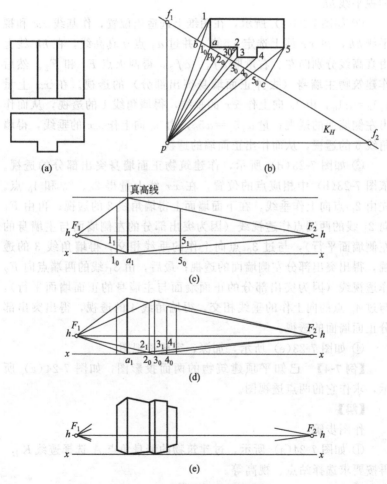

图 7-23　建筑物的两点透视图

【解】

作图步骤：

① 如图 7-23(b) 所示，过建筑物左前角点 a，选画面偏角 30° 作出 K_H 线，按视距为 1.5bc 确定站点 p，求出灭点的投影 f_1 和 f_2，过 1、2、3、4、5 点作视线的投影，分别交 K_H 线于点 1_0、2_0、3_0、4_0 和 5_0。在建筑物的立面图上，确定视高，画出基线 xx 和视平线 hh。

② 如图 7-23(c) 所示，在图纸上选适当位置，作基线 xx 和视平线 hh，在 xx 线上选定 a_1 点，并过 a_1 点立真高线，在 hh 线上由真高线分别向左、右量取 af_1、af_2，得两灭点 F_1 和 F_2。然后作建筑物主墙身（去掉正面墙身突出部分）的透视。在 xx 上量 $a_1 1_0 = a 1_0$，由 1_0 向上作 xx 的垂线，得墙角线 1 的透视，从而作出左侧墙面的透视；量 $a_1 5_0 = a 5_0$，由 5_0 向上作 xx 的垂线，得墙角线 5 的透视，从而作出正面墙的透视。

③ 如图 7-23(d) 所示，作建筑物正面墙身突出部分的透视。依图 7-23(b) 中相应点的位置，在 xx 线上量得 2_0、3_0 和 4_0 点。先由 2_0 点向上作垂线，在下面墙面上得墙角线 2 的透视；再由 F_1 向 2_1 线的两端点作透视线（因为突出部分的左侧墙面与主墙身的左侧墙面平行），与过 3_0 点向上作的垂线相交，得墙角线 3 的透视，得出突出部分左侧墙面的透视；最后，由 3_1 线的两端点向 F_2 作透视线（因为突出部分的正面墙面与主墙身的正面墙面平行），与过 4_0 点的向上作的垂线相交，得墙角线 4 的透视，得出突出部分正面墙面的透视。

④ 如图 7-23(e) 所示，加深，完成透视图。

【例 7-4】 已知平顶建筑物的两面投影图，如图 7-24(a) 所示，求作它的两点透视图。

【解】

作图步骤：

① 如图 7-24(a) 所示，过建筑物的墙身角点 A 选择迹线 K_H，再按要求选择站点、视高等。

② 如图 7-24(b) 所示，作门洞的透视（墙身的做法从略）。先

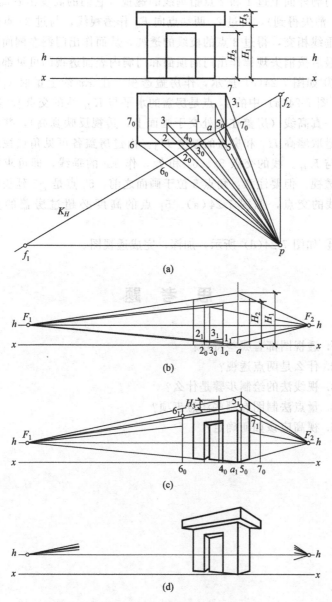

图 7-24　平顶建筑物的两点透视图

作出门洞外面上过 1 和 2 点铅垂线的透视（它们的高度由真高 H_2 向 F_1 消失得到），再过 2_1 两端点向 F_2 作透视线，与过 3_0 点向上作的垂线相交，得过 3 点的棱线的透视，从而作出门洞左侧面的透视，最后按消失规律作出门洞顶面和门洞内表面透视的可见部分。

③ 如图 7-24(c) 所示，作房盖透视。在 xx 线上量取 $a_1 4_0 = a 4_0$ [图 7-24(a) 中的 4_0 点是房盖的水平与 K_H 线的交点]，过 4_0 点立一真高线（房盖在此处交于画面上，透视反映真高），并在此线上量取墙高 H_1 和房盖的厚度 H_3。由过房盖各可见角点视线的投影与 K_H。线的交点 5_0、6_0 和 7_0，作 xx 的垂线，即可求得房盖的透视。但要注意：角点 5 位于画面之前，5_0 点是 $p5$ 延长线与 K_H 线的交点，见图 7-24(a)。5_1 点的高度必超过房盖的真实高度。

④ 如图 7-24(d) 所示，加深，完成透视图。

思 考 题

1. 透视图都有哪些特点？
2. 什么是两点透视？
3. 视线法的绘制步骤是什么？
4. 量点法制图有哪些注意事项？
5. 视高应该如何确定？

8 园林造园组成要素

8.1 植物的表现

8.1.1 植物的平面画法

（1）树木的平面表示方法

园林植物平面图是指园林植物的水平投影。一般采用图例表示，其方法是先以树干位置为圆心，树冠平均半径为半径作圆，然后再依据不同树木的特性加以表现，如图 8-1 所示。

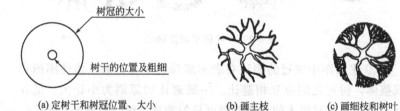

(a) 定树干和树冠位置、大小   (b) 画主枝   (c) 画细枝和树叶

图 8-1　植物平面图图例的表示方法

在具体绘制时，还应注意以下几个问题：

① 图中树冠的大小应根据成龄树冠的大小按比例绘制，成龄树冠大小见表 8-1。

② 不同的植物种类，常以不同的树冠线型来表示。针叶树常以带有针刺状的树冠来表示，若为常绿的针叶树，则在树冠线内加

表 8-1 成龄树的树冠冠径   单位：m

树种	孤植树	高大乔木	中小乔木	常绿乔木	花灌木	绿篱
冠径	10～15	5～10	3～7	4～8	1～3	单行：0.5～1.0 双行：1.0～1.5

画平行的斜线，如图 8-2 所示。阔叶树的树冠线一般为圆弧线或波浪线，落叶的阔叶树多用枯枝表现。常绿的阔叶树多表现为浓密的叶子，或在树冠内加画平行斜线，如图 8-3 所示。

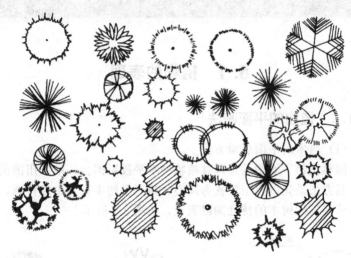

图 8-2 针叶树平面图画法

③ 平面图中树冠的避让在表示多株树木相连时，为使图面形成整体，树冠之间应互相避让。一般避让的原则为小让大、低让高。若表示成林树木的平面时则可只勾勒林缘线，如图 8-4 所示。

④ 在设计图中，当树冠下有花台、花坛、花径或水面、石块和竹丛等较低矮的设计内容时，树木平面不应过于复杂，要注意避让，不要挡住下面的内容。

（2）灌木和地被植物的平面表现方法

灌木是无明显主干的木本植物，灌木植物矮小，近地面处枝干丛生，具有体形小、变化多、株植少、片植多等特点。在平面图上

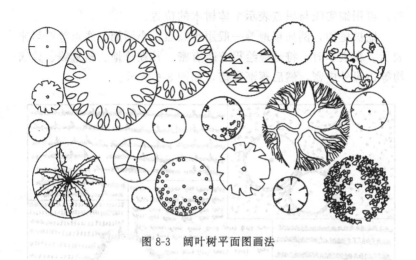

图 8-3　阔叶树平面图画法

(a) 阔叶乔木树丛　　　　(b) 疏林　　　　(c) 针叶乔木树丛

图 8-4　树丛、树林的表示方法

表示时，株植灌木的表示方法与乔木相同，即用一定变化的线条绘出象征性的圆圈作为树冠线平面符号，并在树冠中心位置画出黑点，表示种植位置；对片植的灌木，则用一定变化的线条表示灌木的冠幅边，如图 8-5 所示。绘图时，利用粗实线绘出灌木边缘的轮

图 8-5　片植灌木的表示方法

廓，再用细实线与黑点表示个体树木的位置。

地被植物，例如草地等一般用小圆点、小圆圈、线点等符号来表示。在表示时，符号应绘得有疏有密。凡在草地、树冠线、建筑物等边缘外应密，然后逐渐稀疏，如图 8-6 所示。

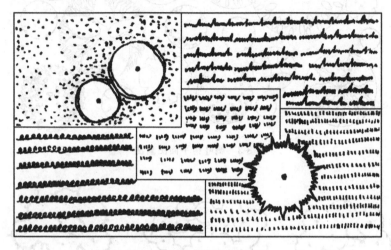

图 8-6　地被植物的表示方法

（3）绿篱的平面图画法

绿篱有常绿绿篱和落叶绿篱两种。常绿绿篱又分为修剪与不修剪两种情况。修剪绿篱外轮廓线修剪得较整齐平直，所以一般用带有折口的直线绘出。不修剪绿篱由于外轮廓线不整齐，所以，用自然曲线绘出，如图 8-7 所示。

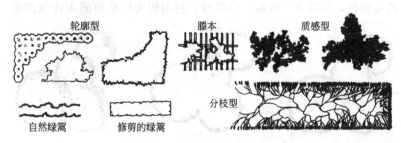

图 8-7　绿篱的平面图表示法

（4）草坪和草地的表示方法

园林工程设计图中草坪的画法如图 8-8 所示。其表示方法包括打点法、小短线法和线段排列法。

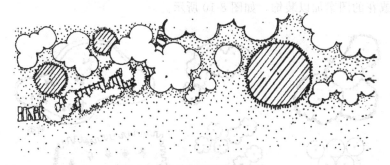

图 8-8　设计图中草坪的画法

① 打点法　打点法是较简单的一种表示方法。用打点法画草坪时所打的点的大小应基本一致。在距建筑、树木较近的地方，以及沿道路边缘、草坪边缘位置，点应相对密些，而距建筑、树木较远的地方，以及草坪中间位置，点应相对稀疏一些，使图纸看起来有层次感。但是无论疏密，点都要打得相对均匀，如图 8-9（a）所示。

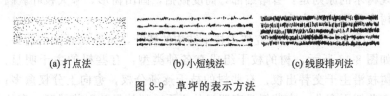

(a)打点法　　　　(b)小短线法　　　　(c)线段排列法

图 8-9　草坪的表示方法

② 小短线法　将小短线排列成行，每行之间的间距相近排列整齐，可用来表示草坪，排列不规整的可用来表示草地或管理粗放的草坪，如图 8-9(b) 所示。

③ 线段排列法　线段排列法是最常用的方法，要求线段排列整齐，行间有断断续续的重叠，也可稍许留些空白或行间留白。另外，也可用斜线排列表示草坪，排列方式可规则，也可随意，如图8-9(c) 所示。

（5）丛植植物的表示方法

灌木、竹类、花卉多以丛植为主，其平面画法多用曲线较自由地勾画出其种植范围，并且在曲线内画出能反映其形状特征的叶子或花的图案加以装饰，如图 8-10 所示。

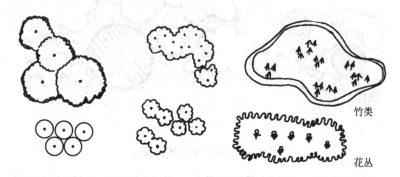

竹类

花丛

图 8-10　丛植植物的表示方法

8.1.2　植物的立面画法

（1）树的立面画法

自然界中的树木种类繁多、千变万化，在透视图或立面图中表现树木的原则是：省略细部，高度概括，画出树形，夸大枝叶。画树应掌握以下内容。

① 枝干结构　研究树木枝干结构的特征，是熟练画图的前提。如图 8-11 所示，树的枝干组成有各种类型：有些树的主干明显，树枝沿主干交替出权；有些树的枝干逐渐分权，愈向上分权愈多；有些树干弯曲；有些树没有明显的主干，树枝呈放射状展开；有的

图 8-11　树的枝干结构

树枝向上伸展；有的树枝下垂。所以，画树时应先仔细观察枝干的区别。画树枝不仅要有左右伸展的枝干，还要画出前后枝干的穿插，画出树枝的内外前后的空间层次，树木才有立体感。

② 树形　由于枝干结构不同，每种树木都形成了自己特有的树冠形状，例如圆锥形、球形、半球形、卵形、尖塔形、伞形、人工修剪造型等。有时，一个大球体内还可以概括成几个小的球体，一个圆锥体内也可以概括为几个三角形。如图 8-12 所示是几种常见树木的树形。

(a) 毛白杨(加杨)　(b) 槐树(圆宝枫)　(c) 垂柳(白桦)　(d) 馒头柳

(e) 油松　(f) 雪松　(g) 水杉　(h) 桧柏

(i) 紫杉　(j) 丁香、木槿　(k) 紫穗槐　(l) 黄刺玫

图 8-12　几种常见树木的树形

图 8-12 中画树的方法称为影绘法。影绘法长于概括，省略了细部描绘，只突出轮廓特征，要求线条曲折、简练、自然，带有节奏感。影绘可以画成全黑，也可以画成白描单勾。影绘法适用于

1：（100～200）的图纸。

③ 树叶的概括与铺排　由树干而添枝叶，由树叶的铺排而成树冠，并以局部特征组成整体特征，这是画树冠的要点。树叶的形状很多，可用不同的手法进行表达。例如可采用线段排列表现针叶树；用自然曲线、成片成块的面表现阔叶树；也可用线点、小圈、椭圆、三角形等图形概括树叶，如图 8-13 所示。画树叶要高度概括，以一当十、以一当百，这是画树必须遵循的规律。铺排树叶要注意明暗差别，通常上部明、下部暗，左右迎光面亮、背光面暗，里层枝叶最暗。

图 8-13　树木的画法

在图 8-13 中，运用线条的变化来表现树木的方法称为钢笔线描法，最简单的线描法是用一样粗细的线条画图，即不论是外部轮廓，还是里面细部，一律用细线描绘。为深入表现出树木的明暗层次，常采用粗细相结合，轻重、虚实和疏密不同的线条画图。先用笔画出树木的树形，进而表现出明暗层次，就需要靠组织钢笔线条，用线条组成不同深浅色调的面，愈是密集的线条，色调愈深。树木的种类很多，各种树的树形、枝干、叶形、树干的纹理和质感各有差异，也要靠组织不同的线条来描绘。例如，圆锥针叶树油松、云杉、桧柏等应在圆锥形树冠轮廓线内按针叶排列方向画线表现针状叶，然后在枝叶稀疏处加上枝干；松树多用成簇的松针铺排成若干伞形或梯形的树丛，画树干纹理像鱼鳞般逐渐向上勾圈，圈的大小不宜相同和过于整齐；柏树纹理扭转盘桓，由上弯曲而下；垂柳的侧枝为二叉式分枝，线条简练、自然下垂，画几条柳枝，数片叶子，不宜过多；杨树枝叶茂密，树干通直、光滑、有横纹及气孔，在树冠轮廓线内用三角形表示树叶，多数画在明暗交界线及背光部位，不宜画满，然后画树干穿插于叶片之间。

上述方法主要是中景树的画法；画近景树应当细致地描绘出树枝和树叶特征，树干应画出树皮的纹理特点；画远景树无须区分树叶和树干，只需画出轮廓剪影，即林冠线轮廓，整个树丛上深下浅、上实下虚，以表示近地空气层所造成的深远感。

（2）灌木的立面画法

花灌木的体形较小，一般不用写实方法画，常用线描法画出轮廓后在轮廓线内用点、圈、三角、曲线来表示花叶，如图 8-14 所示。

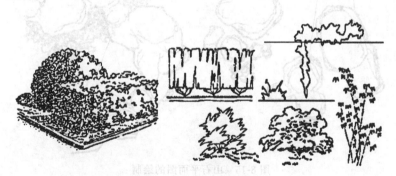

图 8-14　灌木和绿篱的画法

（3）绿篱的立面画法

修剪的绿篱应根据不同植物的叶形用线点、自由曲线、圆形曲线来勾绘出条状长方体几个不同受光面的明暗关系。在立面图上，可用竖向线条或竖向交叉线条表示常绿绿篱，如图 8-14 所示。

8.2 山石的表现

8.2.1 山石的平面画法

山石的平面图，是在水平投影上表示出根据俯视方向所得山石形状结构的图样，主要表现山石在平面方向的外形、大小及纹理，如图 8-15 所示。其绘制方法如下：

① 根据山石形状特点，用细实线绘出其几何体形状。

② 用细实线切割或累叠出山石的基本轮廓。

③ 依据不同山石材料的质地、纹理特征，用细实线画出其石块面、纹理等细部特征。

④ 根据山石的形状特点、阴阳背向，依次描深各线条，其中外轮廓线用粗实线，石块面、纹理线用细实线绘制。

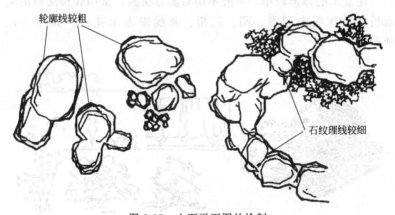

图 8-15　山石平面图的绘制

8.2.2 山石的立面画法

山石立面图的画法与平面图基本一致。轮廓线要粗，石块面、纹理可用较细较浅的线条稍加勾绘，以体现石块的体积感。不同的石块应采用不同的笔触和线条表现其纹理，如图 8-16 所示。

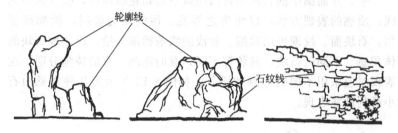

图 8-16　山石立面图的绘制

　　假山和置石中，常用的石材有湖石、黄石、青石、石笋和卵石等。由于不同山石材料的形状、质地、纹理不同，在绘制时所用的笔触和线条不同。湖石多用曲线表现其外形的自然曲折，并刻画其内部纹理的起伏变化及洞穴。黄石为细砂岩受气候风化逐渐分裂而成，所以其体形敦厚、棱角分明、纹理平直，因此画时多用直线和折线表现其外轮廓，内部纹理应以平直为主。青石是青灰色片状的细砂岩，其纹理多为相互交叉的斜纹，画时多用直线和折线表现。石笋为外形修长如竹笋的一类山石。画时应以表现其垂直纹理为主，可用直线，也可用曲线。卵石体态圆润，表面光滑。画时多以曲线表现其外轮廓，再在其内部用少量曲线稍加修饰即可。叠石常常是大石和小石穿插，以大石间小石或以小石间大石以表现层次，线条的转折要流畅有力，如图 8-17 所示。

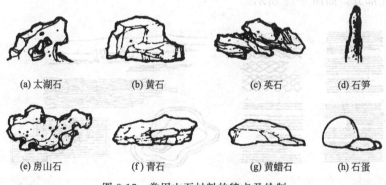

(a) 太湖石　　　　(b) 黄石　　　　　(c) 英石　　　　(d) 石笋

(e) 房山石　　　　(f) 青石　　　　　(g) 黄蜡石　　　(h) 石蛋

图 8-17　常用山石材料的特点及绘制

平、立面图中的石块通常只用线条勾勒轮廓即可，很少采用光线、质感的表现方法，以免失之零乱。用线条勾勒时，轮廓线要粗，石块面、纹理可用较细、较浅的线条稍加勾绘，以体现石块的体积感。不同的石块，其纹理不同，有的浑圆，有的棱角分明，在表现时应采用不同的笔触和线条，如图8-18所示为几种常见山石小品的画法表现。

图8-18　山石小品画法

8.3　水景的表现

8.3.1　静态水体的画法

为表达静态水，常用拉长的平行线画水，这些水平线在透视上是近水粗而疏、远水细而密，平行线可以断续并且留以空白表示受光部分，如图8-19所示。

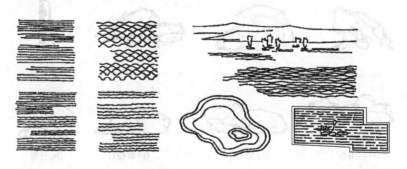

图8-19　水的画法

在平面图上表示水池，最常用的方法是用粗线画水池轮廓，池内画 2～3 条随水池轮廓的细线（似池底等高线），细线间距不等，线条流畅自然，如图 8-19 所示。

8.3.2　动态水体的画法

动水常用网巾线表示，运笔时有规则的扭曲，形成网状。也可用波形短线条来表示动水面，如图 8-19 所示。

8.3.3　水体的立面表示方法

在立面上，水体可采用线条法、留白法和光影法等表示。

（1）线条法

线条法是用细实线或虚线勾画出水体造型的一种水体立面表示方法，如图 8-20 所示。线条法在工程设计图中使用得最多，但是用线条法作图时必须注意以下内容：

① 线条方向与水体流动的方向要保持一致。

② 水体造型要清晰，但是要避免轮廓线过于生硬、呆板。

图 8-20　线条法

（2）留白法

留白法就是将水体的背景或配景画暗，从而衬托出水体造型的表现手法。它常用于表现所处环境复杂的水体，而且能表现出水体的洁白与光亮，如图 8-21 所示。

（3）光影法

用线条和色块（黑色和深蓝色）综合表现出水体的轮廓和阴影的方法称为水体的光影法。

图 8-21 留白法

留白法和光影法用于效果图的表现，如图 8-22 所示。

图 8-22 光影法

水面倒影随水面波动而变化，水面一部分反映物像，一部分反映天空。建筑和树木的倒影只剩下一个大体轮廓，如图 8-23 所示。

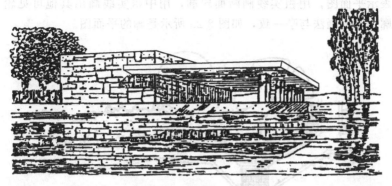

图 8-23 水面倒影的画法

8.4 其他素材的表现

8.4.1 亭和廊

如图 8-24 所示是一个六角亭的平面图和立面图。在大比例尺

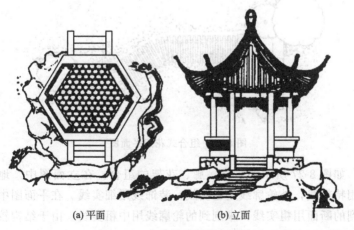

(a) 平面   (b) 立面

图 8-24 六角亭的平、立面图

图纸中，对没有门窗的建筑，采用通过支撑柱部位的水平剖面图来表示平面图，用粗实线画断面轮廓，用中粗实线画出其他可见轮廓。廊的画法与亭一致，如图 8-25 所示是廊的平面图。

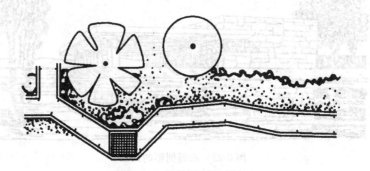

图 8-25　廊的平面图画法

8.4.2　亭与花架的组合

厅、廊、花架具有体形小、布局灵活的特点，常用作点缀，以丰富园林景观。也可相互组合，创造出更丰富的景观效果。如图 8-26 所示是组合式花架的平面画法。

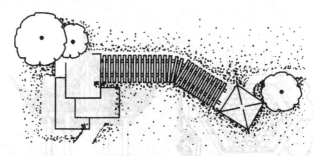

图 8-26　组合式花架平面图

如图 8-27 所示的是亭、廊、花架的组合。在立面图中，地面线用特粗线，外轮廓线用粗实线，装饰线用细实线。在平面图中被剖到的断面用粗实线，未剖到的轮廓线用中粗实线。由于结构较复杂，可加画透视图增加说明性。

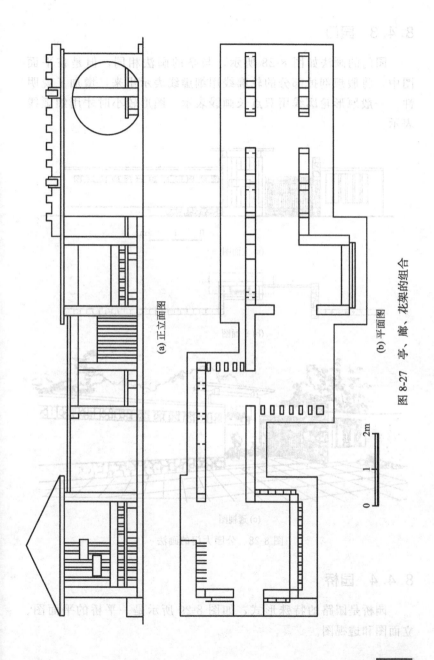

(a) 正立面图

(b) 平面图

图 8-27 亭、廊、花架的组合

0 1 2m

8.4.3 园门

园门的画法如图 8-28 所示，与亭的画法相同，但是在平面图中，将假想剖掉部分的轮廓线用细虚线表示出来，增加了说明性。一般原形轮廓线用双点长画线表示，图形较小时才用细虚线表示。

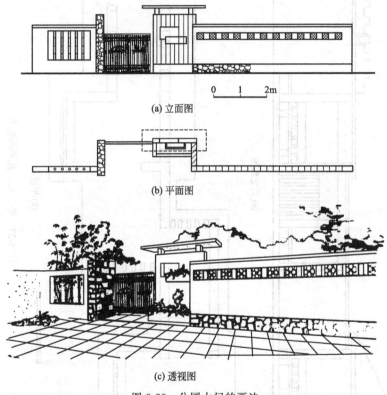

(a) 立面图

(b) 平面图

(c) 透视图

图 8-28 公园大门的画法

8.4.4 园桥

园桥是园路的特殊形式，如图 8-29 所示是一平桥的平面图、立面图和透视图。

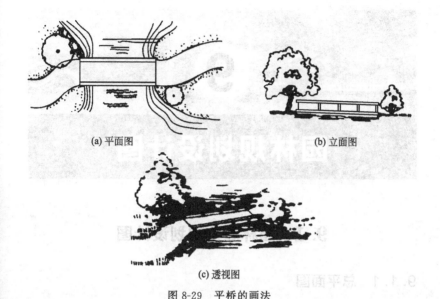

(a) 平面图

(b) 立面图

(c) 透视图

图 8-29 平桥的画法

思 考 题

1. 请举例说明，灌木和地被植物的平面表现方法？
2. 绿篱的平面图画法都有哪些种类？
3. 请举例说明，树形的立面画法？
4. 静态水和动态水的画法有哪些不同？
5. 园门的种类有哪些？

9.1 园林总体规划设计图

9.1.1 总平面图

　　园林总体规划设计图简称为总平面图。游园总平面图反映了游园各组成部分的平面关系，主要包括景区景点的设置、出入口的位置、主要拟建建筑物的位置、假山石以及其他构筑物的风格、造型、规模、位置等，图中一般不画树，只画现状树。绘图常用比例通常为（1∶500）～（1∶2000）。公园总平面图，如图9-1所示。

9.1.1.1 图示特点

　　① 用细实线表示现状地形（坐标网格）及主要地上物，如原有的建筑物、构筑物、道路、桥涵、围墙等；用红钢笔描绘综合管线图，并对管线采用的有关图例及现行标准代号按规定标注。

　　② 用中粗实线表示新建道路、活动场地和水池等构筑物。用粗实线表示新建园林建筑和其他园林设施。

　　③ 对景、借景等风景透视线用虚线表示。画出透视线是为了表明设计意图，在施工建设中应予以重视。

　　④ 在所设计的游园中，应标明作为定点放线依据的可靠地上物（如原有的建筑、山石、大树等）。若没有可靠的地上物作为定

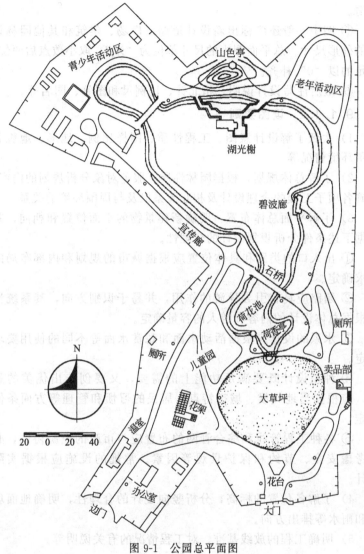

图 9-1 公园总平面图

点放线的依据时，应特别将附近的建筑、道路、电线杆、大树等地上物画在图上，标出新设计建筑、场地、道路等设施的定位尺寸。如以方格网作为定点放线的依据，图中应将园林设施的坐标位置注清。

⑤ 图中一般还应标出新设计道路、广场、建筑和其他园林设施的外形尺寸。总平面图中的尺寸单位为"米"，取小数点后两位，不足的以"0"补齐。

⑥ 最后注写设计说明、指北针、比例尺和图签、图名等。

9.1.1.2 读图要则

1）大致了解设计意图、工程性质、图样比例、地形、地貌和周围环境情况等。

2）了解总体规划，根据园林性质、服务对象分析规划的内容，明确各项子工程的合理设计及相互关系以及与周围环境的关系。

3）了解平面总体布置，明确新建景物的平面位置和朝向，并根据下述条件分析规划设计的合理性。

① 出入口的类别和具体位置应根据城市的规划和内部布局的要求确定。

② 园路应具有引导导游的作用，并易于识别方向，其系统性应根据总体设计的内容和游人的容量确定。

③ 水系的设计应根据活动水面和观赏水面等不同的使用要求确定。

④ 种植设计既要满足功能上的需要，又要创造出优美的景观，应根据当地气候、城市特点、居民的习惯和管理等方面条件确定。

⑤ 各种工程管线和综合管网的布置应与市政的设施协调，必须考虑安全、节约和保护景观等因素。常规的设施应根据实际设计。

4）了解各位置的标高，分析竖向设计的合理性，明确地面坡度和雨水等排出方向。

5）明确工程的放线基准、对工程情况的有关说明等。

9.1.2 竖向设计图

竖向设计（即地形设计）图主要表达竖向设计所确定的各种造园要素的坡度和各点高程，如各景点、景片儿的主要控制标高；主要建筑群的室内控制标高；室外地坪、水体、山石、道路、桥涵、各出入口和地表的现状和设计高程。竖向设计图是填挖土方的主要技术文件，主要是一张地形图，有时还画出地形剖面图，如图9-2所示。必要时还可以绘制土方调配图，包括平面图与剖面图。

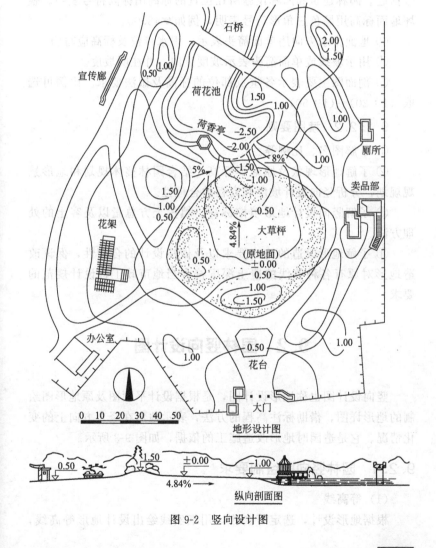

图 9-2　竖向设计图

9.1.2.1　图示特点

① 将总平面图中的道路系统、广场、园林建筑、园林设施的位置描绘在纸上。较简单的游园可将竖向设计图画在总平面图上。

② 用细实线表示设计等高线，并标注设计高程。原高程用括号括起。园林建筑和园林设施所在位置的标高用标高符号表明。整坪地面标高用黑色三角形符号表明，例如▼43.00。

③ 地面排水方向用单面箭头表示，雨水口位及标高应写明。

④ 用示坡线或单面箭头表示坡度方向，并注明坡度。

⑤ 剖面图主要表示各重点部位的标高及做法要求。比例可选取（1：20）～（1：50）。

9.1.2.2　读图要则

① 了解图名、比例等。

② 了解地形现状及原地形标高，结合园林整体规划和地形景观规划，分析竖向设计坡度和高程的合理性。

③ 了解竖向设计地形填挖标高、填挖土方总量以及客土的处理方法。

④ 了解地形改造的施工要求以及做法设计的合理性，保证改造地形对原有各种管线的覆土深度符合当地市政工程设计规范的要求。

9.2　园林竖向设计图

竖向设计图也称地形设计图，是根据设计平面图及原地形图绘制的地形详图，借助标注高程的方法，表示地形在竖直方向上的变化情况。它是造园时地形改造施工的依据，如图9-3所示。

9.2.1　园林竖向图绘制要求

（1）等高线

根据地形设计，选定等高距，用细实线绘出设计地形等高线，

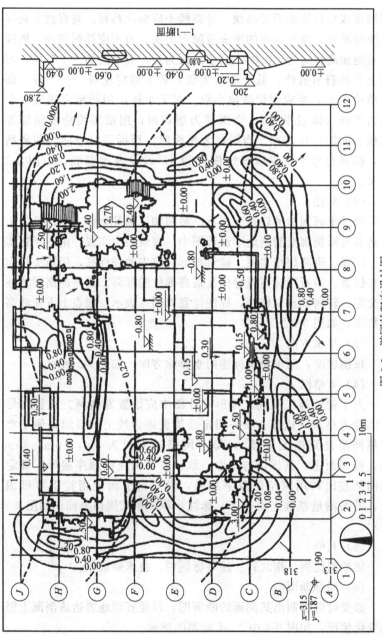

图 9-3 游园的竖向设计图

用细虚线绘出原地形等高线。等高线上应标注高程，高程数字处等高线应断开，高程数字的字头应朝向山头，数字应排列整齐。周围平整地面高程定为±0.00，高于地面为正，数字前加"＋"号，习惯上将该符号省略；低于地面为负，数字前应注写"－"号。高程单位为 m，要求保留两位小数。对于水体，用特粗实线表示水体边界线（即驳岸线）。当湖底为缓坡时，用细实线绘出湖底等高线，同时标注高程。当湖底为平面时，用标高符号标注湖底高程，标高符号下面应加画短横线和45°斜线表示湖底，如图9-3所示。

（2）标注

设计平面图中的建筑、山石、道路和广场等物体，用水平投影法将其外形轮廓绘制到地形设计图中，建筑用中实线，山石用粗实线，广场、道路用细实线。建筑须标注室内地坪标高，用箭头指向所在位置。山石用标高符号标注最高部位的标高。道路的高程标注在交汇、转向以及变坡处，标注位置以圆点表示，圆点上方标注高程数字，如图9-3所示。

（3）排水方向

根据坡度，用单箭头标注雨水排除方向，如图9-3所示。

（4）方格网

为了便于施工放线，地形设计图中应设置方格网。设置时尽可能使方格某一边落在某一固定建筑设施边线上（目的是便于将方格网测设到施工现场），每一网格边长可为 5m，10m，20m 等，按需而定，其比例与图中一致。方格网应按顺序编号，规定横向从左向右用阿拉伯数字编号，纵向自下而上用拉丁字母编号，并按测量基准点的坐标，标注出纵横第1网格坐标，如图9-3所示。

（5）其他

须绘制比例、指北针、注写标题栏、技术要求等。

（6）局部断面图

必要时可绘制出某剖面的断面图，以便直观地表达该剖面上竖向变化情况，如图9-3中1—1断面图所示。

9.2.2 园林竖向设计图绘制方法

以图 9-3 的绘制过程为例，介绍竖向设计图绘图方法。

① 绘制等高线 根据设计要求，用细实线先绘出等高线，用特粗实线表示水体边界线，用标高符号标注湖底高程，如图 9-4 所示。

② 标注高程 用水平投影法将建筑、山石、广场和道路绘制在其相应位置，并标注其高程，如图 9-4 所示。

③ 标注排水方向 用单箭头在图 9-4 的相应位置标注雨水排除方向，如图 9-5 所示。

④ 绘制方格网 如图 9-6 所示。

⑤ 绘制比例、指北针、注写标题栏、技术要求，如图 9-6 所示。

⑥ 绘制局部断面图 为了直观地表达该剖面上竖向变化的情况，绘制该部分的局部断面图，如图 9-3 中 1—1 断面图所示。

9.2.3 园林竖向图的识读

图 9-3 为游园的竖向设计图，其读图步骤如下。

（1）看图名、比例、指北针、文字说明

了解工程名称、设计内容、所处方位和设计范围。

（2）看等高线的含义

看等高线的分布以及高程标注，了解地形高低变化、水体深度、与原地形对比了解土方工程情况。如图 9-3 所示，该园水池居中，近方形，正常水位为 0.20m，池底平整，标高均为 −0.80m。游园的东、西、南部有坡地和土丘，高度为 0.6～2m，并以东北角为最高，从高程可见中部挖方较大，东北角填方量较大。

（3）看建筑、山石和道路高程

图中六角亭置于标高为 2.40m 的石山之上，亭内地面标高 2.70m，为全园最高景观。水榭地面标高为 0.30m，拱桥桥面最高点为 0.6m，曲桥标高为 ±0.00。园内布置假山三处，高度为 0.80～

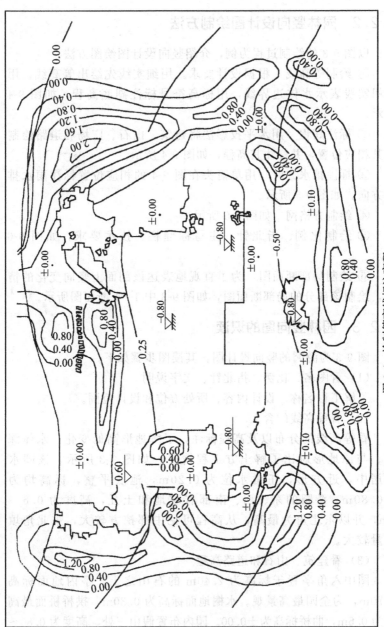

图 9-4 绘制等高线标注高程

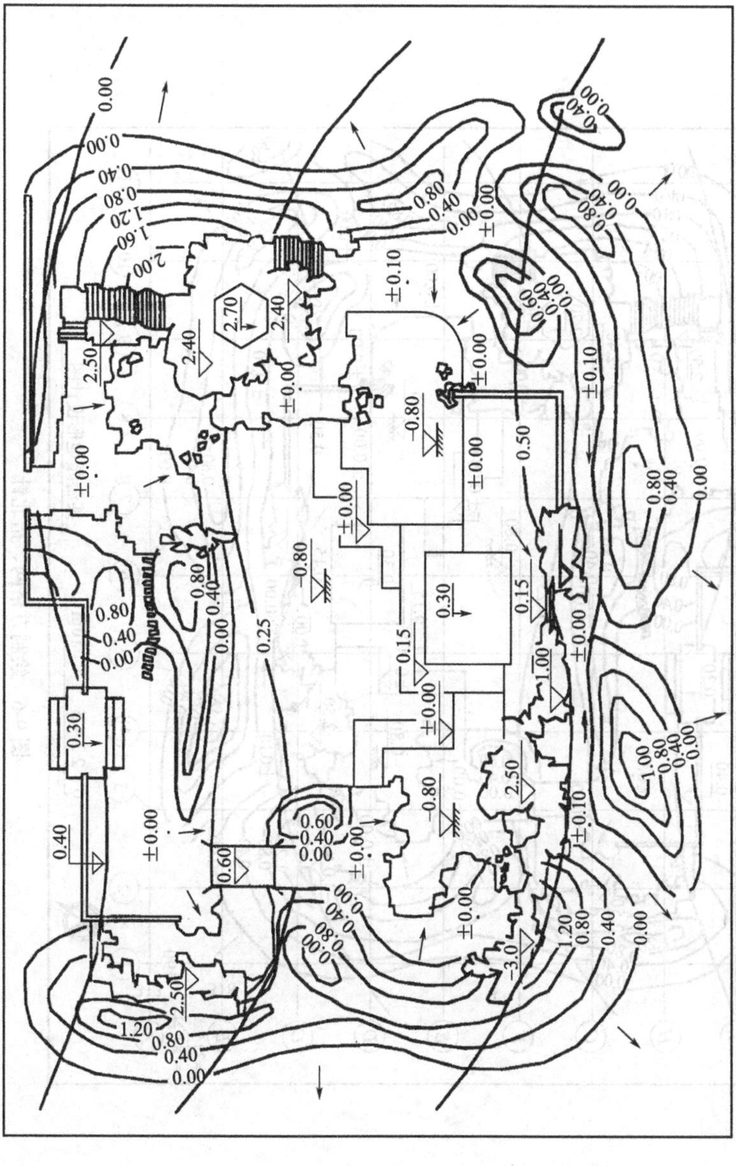

图 9-5 标注排水方向

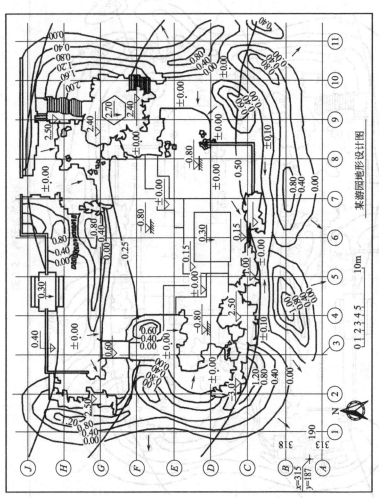

图 9-6　绘制方格网、指北针

某游园地形设计图

3.00m，西南角假山最高。园中道路较平坦，除南部、西部部分路面略高以外，其余均为±0.00。

（4）看排水方向

从图中可见，该园利用自然坡度排出雨水，大部分雨水流入中部水池，四周流出园外。

（5）看坐标网

看坐标网确定施工放线依据。

9.3　园林植物设计图

9.3.1　园林植物种植设计图的绘制方法

（1）设计平面图

在设计平面图上，绘出建筑、水体、道路以及地下管线等位置，其中水体边线用粗实线，水体边界线内侧用细实线表示出水面，建筑用中实线，道路用细实线，地下管道或构筑物用中虚线。

（2）种植设计图

自然式种植设计图，宜将各种植物按平面图中的图例或用单一圆圈加引出线的形式，绘制在所设计的种植位置上，并应以圆点示出树干位置。规则式种植的设计图，对单株或丛植的植物宜以圆点表示种植位置，对蔓生和成片种植的植物，用细实线绘出种植范围。树冠大小按成龄后冠幅绘制。草坪用小圆点表示，小圆点应绘得有疏有密，在道路、建筑物、山石、水体等边缘处应密，然后逐渐变疏。

为了便于区别树种，计算株数，应将不同树种统一编号，标注在树冠图例内或用折曲线将相同树种的种植点连起加引出线表明树木编号，如图9-7所示。

（3）编制苗木统计表

在图中适当位置，列表说明所设计的植物编号、树种名称、拉丁文名称、单位、数量、规格、出圃年龄等。表9-1为图9-7所附

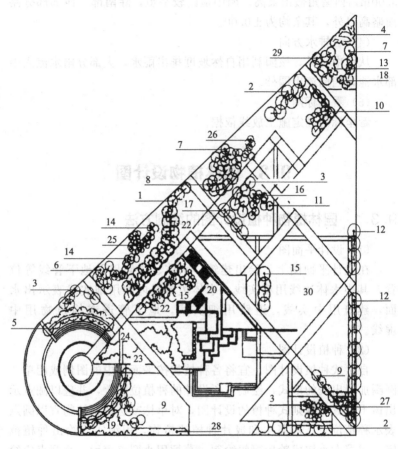

图 9-7　某游园种植设计图（一）

苗木统计表，表 9-2 为图 9-8 所附苗木统计表。

表 9-1　某游园种植设计苗木统计表

编号	植物名称	规格	数量	编号	植物名称	规格	数量
1	樱花	2.5m 高	31 株	4	水杉	2.5m 高	58 株
2	香樟	干径约 100mm	26 株	5	广玉兰	3.0m 高	26 株
3	雪松	4.0m 高	27 株	6	晚樱	2.5m 高	11 株

编号	植物名称	规格	数量	编号	植物名称	规格	数量
7	柳杉	2.5m 高	12 株	19	铺地柏	—	41 株
8	榉树	3.9m 高	12 株	20	凤尾兰	—	50 株
9	白玉兰	2.0m 高	5 株	21	毛鹃	30cm 高	250 株
10	银杏	干径＞80mm	10 株	22	杜鹃	—	130 株
11	红枫	2.0m 高	7 株	23	迎春	—	85 株
12	鹅掌楸	3.5m 高	31 株	24	金丝桃	—	80 株
13	桂花	2.0m 高	15 株	25	蜡梅	—	8 株
14	鸡爪槭	2.5m 高	6 株	26	金钟花	—	20 株
15	国槐	3.0m 高	10 株	27	麻叶绣球	—	30 株
16	圆柏	3.1m 高	11 株	28	大叶黄杨	60cm 高	120 株
17	七叶树	3.5m 高	7 株	29	龙柏	3m 以上	16 株
18	含笑	1.0m 高大苗	4 株	30	草坪	—	2514m²

表 9-2　某游园种植设计苗木统计表

编号	树种	单位	数量	规格		出圃年龄	备注
				干径/cm	高度/m		
1	雪柳	株	1000	—	1	1	—
2	华山松	株	3	6	—	6	—
3	桧柏	株	13	4	—	4	—
4	山桃	株	9	5	—	5	—
5	元宝枫	株	1	4	—	4	—
6	文冠果	株	4	4	—	4	—
7	连翘	株	5	—	1	3	每丛 5 株
8	锦带花	株	35	—	1	2	每丛 7 株
9	榆叶梅	株	7	—	1	3	每丛 7 株
10	紫丁香	株	48	—	1	3	每丛 8 株

编号	树种	单位	数量	规格		出圃年龄	备注
				干径/cm	高度/m		
11	五叶地锦	株	13	—	3	2	—
12	结缕草	m²	600	—	—	1	—
13	花卉	株	410	—	—	1	—

（4）标注定位尺寸

自然式植物种植设计图，宜用坐标网确定种植位置，规则式植物种植设计图，宜相对某一原有地上物，用标注株行距的方法，确定种植位置，如图 9-8 所示。

（5）绘制种植详图

必要时按苗木统计表中编号（即图号）绘制种植详图，说明种植某一种植物时挖坑、覆土、施肥、支撑等种植施工要求。

（6）其他

绘制比例、风玫瑰图或指北针，填写主要技术要求以及标题栏。

9.3.2 园林植物种植设计图的识读

阅读植物种植设计图用以了解工程设计意图、绿化目的及其所达效果，明确种植要求，以便组织施工和作出工程预算，阅读步骤如下。

（1）看标题栏、比例、风玫瑰图或方位标

明确工程名称、所处方位和当地主导风向。

（2）看图中索引编号和苗木统计表

根据图示各植物编号，对照苗木统计表及技术说明，了解植物种植的种类、数量、苗木规格和配置方式。如图 9-7 所示，游园北部以樱花、雪松、晚樱、鸡爪槭、香樟、柳杉等针叶、阔叶乔木为主配以金钟花、龙柏等灌木结合地形的变化采用自然式种植。南部规则式栽植了鹅掌楸、香樟、广玉兰等乔木配合栽植铺地柏、迎春

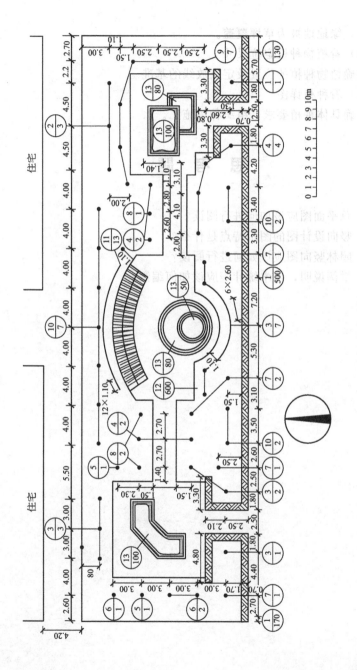

图 9-8 某游园种植设计图 (二)

等灌木，绿地地被为草坪覆盖。

（3）看植物种植定位尺寸

明确植物种植的位置及定点放线的基准。

（4）看种植详图

明确具体种植要求，组织种植施工。

思 考 题

1. 总平面图应该如何进行阅读？
2. 竖向设计图的图示特点是什么？
3. 园林竖向图应该如何进行阅读？
4. 举例说明，苗木统计表应该如何编制？

10.1　园林建筑平面图

10.1.1　园林建筑平面图的内容与用途

建筑平面图是全剖面图,剖切平面是位于窗台上方的水平面。建筑平面图主要表示建筑物的平面形状、水平方向各部分(如出入口、走廊、楼梯、房间、阳台等)的布置和组合关系、门窗位置、墙和柱的布置以及其他建筑构配件的位置和大小等,如图 10-1 所示。多层建筑若各层的平面布置不同,应画出各层平面图。

建筑平面图是建筑设计中最基本的图纸,常用于表现建筑方案,并为以后的详细设计提供依据。

10.1.2　园林建筑平面图的绘制

(1) 内容

建筑平面图主要表现建筑物内部空间的划分、房间名称、出入口的位置、墙体的位置、主要承重构件的位置、其他附属构件的位置,配合适当的尺寸标注和位置说明。若是非单层的建筑,应该提供建筑物各层平面图,并且在底层平面图中通过指北针标明房屋的朝向。

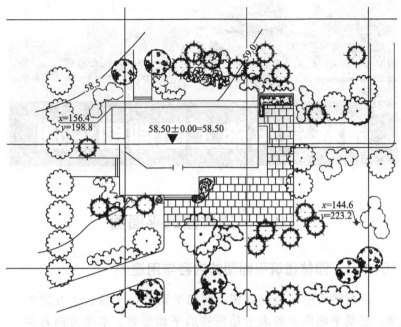

图 10-1 建筑总平面图

（2）具体要求

① 图名、比例尺和指北针　在图纸的下方标注清楚图纸的名称；例如建筑平面图、底层平面图、二层平面图等。建筑物平面图的比例一般采用 1 : 100、1 : 200 等，必要时可用 1 : 150、1 : 300 等。

对于单层建筑或者多层建筑的底层平面图还应该标注指北针，以标明建筑物的朝向。

② 定位轴线及其编号　定位轴线用来确定建筑物承重构件的位置，对于施工放线非常重要。定位轴线用细单点长画线绘制，其编号注写在轴线端部用细实线绘制的圆内，圆的直径为 8mm，圆心在定位轴线的延长线上。定位轴线上的编号一般标注在建筑平面图的下方和左侧，横向编号用阿拉伯数字从左至右编写，竖向编号用大写英文字母由下至上标注。对于结构比较复杂的建筑还需要在

定位轴线之间添画附加轴线，附加轴线的编号要用分数表示，其中分母表示前一轴线的编号，分子表示附加轴线的编号。

③ 标注索引符号　绘制其他构件，例如门窗、平台、台阶、台明和座凳等，若需要给出补充图纸时，应在对应位置用索引符号标注。当详图与被索引的图纸不在同一图纸上的时候，还要标注出索引的图纸的图号。

④ 必要的尺寸，地面、平台、顶面等的标高　建筑尺寸标注一般分3道，最外一道是总尺寸，表明建筑物的总长和总宽；中间一道是轴间尺寸，一般表示建筑物的开间和进深；最里一道是细部尺寸，如门窗、窗台和立柱等的尺寸及其相对位置关系。

在平面图上，除了标注出长度和宽度方向的尺寸之外，还要标注出楼面、地面等的相对标高，以表明楼地面对标高零点的相对高度。

⑤ 图线

a. 粗实线。被水平剖切平面剖切到的墙、柱的断面轮廓。

b. 中实线。可见部分的轮廓线和没有被剖切到的可见构件轮廓线等。

c. 细实线。尺寸线、尺寸界线、引出线。

d. 中虚线或细虚线。某些需要表示的高窗、洞口、通气孔、槽以及地沟等不可见部分。

e. 材料图例。平面图中的断面图，比例大于1：50时应画出材料图例，比例为（1：100）～（1：200）时可简化材料图例，钢筋混凝土墙断面涂红、钢筋混凝土柱断面涂黑。

⑥ 标注尺寸、书写文字说明，绘制图框、标题栏等。

(3) 绘制步骤

现以某公园茶室平面图为例，说明建筑平面图绘制步骤。

① 画定位轴线，如图10-2所示。

② 画内外墙厚度，如图10-3所示。

③ 画出门窗位置及宽度（当比例尺较大时，应绘出门、窗框示意图），加深墙的剖断线，按线条等级依次加深其他各线，如图10-4所示。

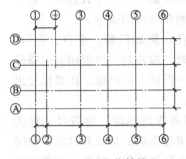

图 10-2 画定位轴线

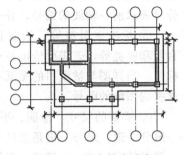

图 10-3 画内外墙厚度

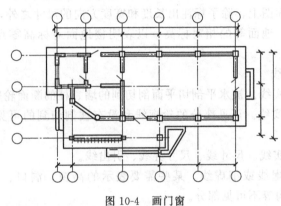

图 10-4 画门窗

④ 绘制配景及地面材料用细线。

⑤ 尺寸标注、注写说明、绘剖切符号。

10.1.3 园林建筑平面图的识读

读园林建筑平面图的一般方法和步骤如下。

① 了解图名、层次、比例，纵、横定位轴线及其编号。

② 明确图示图例、符号、线型和尺寸的意义。

③ 了解图示建筑物的平面布置；例如房间的布置、分隔，墙、柱的断面形状和大小，楼梯的梯段走向和级数等，门窗布置、型号和数量，房间其他固定设备的布置，在底层平面图中表示的室外台

阶、明沟、散水坡、踏步、雨水管等的布置。

④了解平面图中的各部分尺寸和标高。通过外、内各道尺寸标注，了解总尺寸、轴线间尺寸，开间、进深、门窗及室内设备的大小尺寸和定位尺寸，并由标注出的标高了解楼、地面的相对标高。

⑤了解建筑物的朝向。

⑥了解建筑物的结构形式以及主要建筑材料。

⑦了解剖面图的剖切位置及其编号、详图索引符号及编号。

⑧了解室内装饰的做法、要求和材料。

⑨了解屋面部分的设施和建筑构造的情况，对屋面排水系统应与屋面做法和墙身剖面的檐口部分对照识读。

10.2　园林建筑立面图

10.2.1　园林建筑立面图的内容与用途

建筑立面图是在与建筑立面平行的投影面上所作的正投影图。主要反映建筑物的外形及主要部位的标高。从正面看，可以了解到整幢房屋的外表形状、女儿墙、檐口、遮阳板、阳台或外走道的外形，及墙面引条线、装饰花格、雨篷、落水管、勒脚、入口踏步等位置和形状。同时，一般用文字注写外墙的装饰做法、分层做法、具体材料，如花岗石墙面或碎拼花岗石墙面等。

建筑立面图能够充分表现出建筑物的外观造型效果，可以用于进一步推敲方案，并作为进一步设计和施工的依据。

10.2.2　园林建筑立面图的绘制

(1) 内容

建筑立面图主要表明建筑物外立面的形状，门窗在外立面上的分布、外形，屋顶、阳台、台阶、雨篷、窗台、勒脚、雨水管的外形和位置，外墙面装修做法，室内外地坪、窗台、窗顶、檐口等各部位的相对标高以及详图索引符号等。

（2）绘制要求

① 图名、比例　图名中应该注明建筑物的朝向，可以按照方位命名，例如南立面、北立面等，也可以按照建筑物立面的主次进行命名，例如正门所在的立面称为正立面，其他立面称为侧立面。

② 主要承重构件的定位轴线及其编号　立面图中的定位轴线及其编号要与平面图中的一致，并且注意所绘制的建筑物的朝向。

③ 外部装饰材料规格、颜色、名称　利用图例或者文字标示建筑物外墙或者其他构件所采用的材料。

④ 标高尺寸　在立面图上，重要高度尺寸应采用标高标注，一般要标注出室内外地坪、窗洞口的上下口、屋面（屋顶）、入口及雨篷底面等的标高。

⑤ 图线　为增加图面层次，画图采用不同的线型。

a. 粗实线：外形轮廓线；

b. 加粗实线：室外地坪线，（线宽为粗实线的 1.4 倍左右）；

c. 中实线：门窗洞、檐口、窗台、阳台、雨篷、台阶等的轮廓线；

d. 细实线：其余的门窗扇及其分格、门窗格子、雨水管以及引出线、栏杆、墙面分割线等。

（3）绘制步骤

以某公园茶室为例。

① 画出室内外地坪线、墙体的结构中心线，内外墙及屋面构造厚度线，如图 10-5 所示。

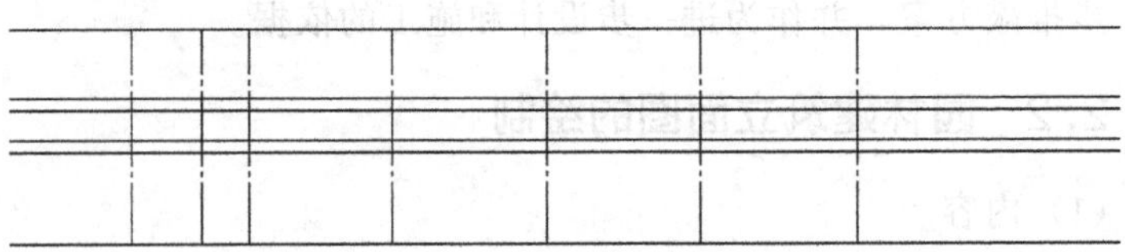

图 10-5　绘制地坪线及各轴线

② 画出门、窗洞高度，出檐宽度及厚度，画出台阶、景墙、花坛等及其他构筑物轮廓，如图 10-6 所示。

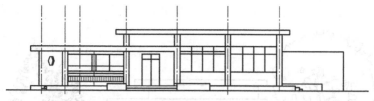

图 10-6 绘制建筑细部轮廓线

③ 加粗外轮廓线，然后按线条等级依次加深各线，如图 10-7 所示。

图 10-7 加粗轮廓线

④ 绘制配景，成图，如图 10-8 所示。

图 10-8 添加配景（茶室南立面图）

立面图一般按建筑物的朝向命名，如南立面图、北立面图、东立面图及西立面图，也可根据建筑两端的定位轴线编号命名。例如，图 10-8 是某公园茶室的南立面图，为了全面反映茶室的立面特征，还应绘制北立面图、西立面图等，如图 10-9、图 10-10 所示。

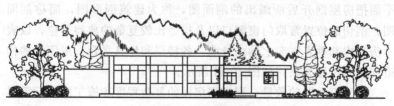

图 10-9 茶室北立面图

图 10-10　茶室西立面图

10.2.3　园林建筑立面图的识读

园林建筑立面图的识读方法和步骤如下。

① 了解图名、比例和定位轴线编号。

② 了解建筑物整个外貌形状；了解房屋门窗、窗台、台阶、雨篷、阳台、花池、勒脚、檐口以及落水管等细部形式和位置。

③ 从图中标注的标高，了解建筑物的总高度及其他细部标高。

④ 从图中的图例、文字说明或列表，了解建筑物外墙面装修的材料和做法。

10.3　园林建筑剖面图

10.3.1　园林建筑剖面图的内容与用途

园林建筑剖面图一般特指竖直剖视图，用一个假想的铅垂剖切平面把房屋剖开后所画出的剖面图，称为建筑剖面图，简称剖面图。剖切的位置常取门窗洞口以及构造比较复杂的典型部位，以表示房屋内部垂直方向上的内外墙、各楼层和休息平台、屋面等的构造和相对位置关系，如图 10-11 所示。

至于剖面图的数量，则根据房屋的复杂程度和施工的实际需要而定。

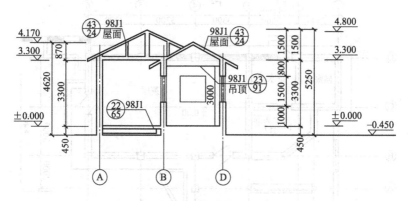

图 10-11   茶室的 1—1 剖面图

10.3.2   园林建筑剖面图的绘制

（1）园林建筑剖面图的内容及绘制要求

① 图名和比例   图名与平面图中的剖切编号一致，例如 1—1 剖面，在图名并列位置注写剖面图的比例。

② 定位轴线   在剖面图中，应注出被剖切到的各承重构件的定位轴线，并标注编号，编号一定要与平面图一致。

③ 剖切断面和没有被剖到但可见部分的轮廓线   需要绘制与剖切平面相交的墙体或者其他构件的断面轮廓线，对于没有剖切到但是可见部分的轮廓线也要绘制出来。

④ 标注尺寸及标高   在剖面图中，应标注出垂直方向上的分段尺寸和标高。垂直分段尺寸一般分为 3 道，最外一道是总高尺寸，表示室外地坪到楼顶部的总高度，如图 10-11 中，茶室的总高度是 5.25m；中间一道是层高尺寸，主要表示各层次的高度；最里一道是门窗洞、窗间墙及勒脚等的高度尺寸，由图 10-11 可以看出，窗洞高为 1.5m，距离室内地坪 1.0m。

标高分为建筑标高和结构标高。建筑标高是指地面、楼面、楼梯休息平台面等完成抹面装修之后的上皮表面的相对标高。如图 10-11 中的 ±0.000 是室内铺完地板之后的表面高度。结构标高一

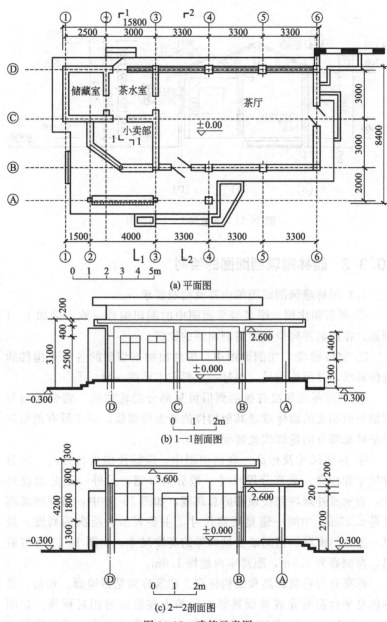

(a) 平面图

(b) 1—1剖面图

(c) 2—2剖面图

图 10-12 建筑示意图

般是指梁、板等承重构件的下皮表面（不包括抹面装修层的厚度）的相对标高。

（2）绘制步骤

① 画出室内外地坪线、墙体的结构中心线、剖切到的内外墙及屋面构造厚度。

② 画出剖切到的门、窗洞高度，出檐宽度及厚度，室内墙面上门的投影轮廓。

③ 画出门、窗、墙面、踏步等细部的投影线。加深剖切到的形体轮廓线，然后按线条等级依次加深各线，如图 10-12（b）、图 10-12（c）所示。

10.3.3　园林建筑剖面图的识读

园林建筑剖面图的读图步骤如下。

① 将图名、定位轴线编号与平面图上部切线及其编号与定位轴线编号相对照，确定剖面图的剖切位置和投影方向。

② 根据图示建筑物的结构形式和构造内容，了解建筑物的构造和组合，例如建筑物各部分的位置、组成、构造、用料及做法等情况。

③ 根据图中标注的标高及尺寸，了解建筑物的垂直尺寸和标高情况。

总之，通过对园林建筑平、剖、立面图的学习，在识读园林建筑施工图时应 3 个图结合阅读，这样才能更好地理解图纸的意图。

10.4　园林建筑透视图

建筑透视图主要表现的是建筑与配景之间的空间透视，能更充分地表达设计方案的意图，是设计方案的有力补充。

建筑透视图应以建筑为主，配景为辅，为了避免遮挡建筑物，配景应有取舍，如图 10-13 所示。

图 10-13　建筑透视图

思 考 题

1. 园林建筑平面图的绘制步骤是什么？
2. 建筑立面图的识读方法是什么？
3. 请举例说明，园林建筑立面图的绘制步骤。
4. 园林建筑应该如何绘制透视图？

11.1 园林给排水施工图

11.1.1 园林给排水图的组成

园林给排水图是表达园林给水排水及其设施的结构形状、大小、位置、材料及有关技术要求的图样，以供交流设计和施工人员按图施工。园林给排水图一般由给排水管道平面布置图、管道纵断面图、管网节点详图及说明等构成。

11.1.2 园林给排水图的特点

（1）常用的给排水图例

园林给排水管道断面与长度之比及各种设备等构配件尺寸偏小。当采用较小比例（如1∶100）绘制时，很难把管道及各种设备表达清楚，故一般用图形符号和图例来表示。一般管道都用单线来表示，线宽宜用0.7mm或1.0mm。常用的给排水图例见表11-1。

表 11-1 常用给排水图例

序号	名称	图例	备注
1	生活给水管	—— J ——	—
2	热水给水管	—— RJ ——	—
3	热水回水管	—— RH ——	

序号	名称	图例	备注
4	中水给水管	—— ZJ ——	—
5	循环冷却给水管	—— XJ ——	—
6	循环冷却回水管	—— XH ——	—
7	热媒给水管	—— RM ——	—
8	热媒回水管	—— RMH ——	—
9	蒸汽管	—— Z ——	—
10	凝结水管	—— N ——	—
11	废水管	—— F ——	可与中水原水管合用
12	压力废水管	—— YF ——	—
13	通气管	—— T ——	—
14	污水管	—— W ——	—
15	压力污水管	—— YW ——	—
16	雨水管	—— Y ——	—
17	压力雨水管	—— YY ——	—
18	虹吸雨水管	—— HY ——	—
19	膨胀管	—— PZ ——	—
20	保温管	～～～	也可用文字说明保温范围
21	伴热管	- - - - - -	也可用文字说明保温范围
22	多孔管	⊼ ⊼ ⊼	—
23	地沟管	=====	—
24	防护套管	—[ ]—	—
25	管道立管	XL-1 平面 XL-1 系统	X为管道类别 L为立管 1为编号
26	空调凝结水管	—— KN	—
27	排水明沟	坡向 ——→	

序号	名称	图例	备注
28	排水暗沟	坡向 ⟶	—
29	管道伸缩器		—
30	方形伸缩器		—
31	刚性防水套管		—
32	柔性防水套管		—
33	波纹管		—
34	可曲绕橡胶接头	单球　双球	—
35	管道固定支架		—
36	立管检查口		—
37	清扫口	平面　系统	—
38	通气帽	成品　蘑菇形	—
39	雨水斗	YD-　YD-　平面　系统	—
40	排水漏斗	平面　系统	—

序号	名称	图例	备注
41	圆形地漏	平面　　系统	通用,如无水封,地漏应加存水湾
42	方形地漏	平面　　系统	—
43	自动冲洗水箱		—
44	挡墩		—
45	减压孔板		—
46	Y形除污器		—
47	毛发聚集器	平面　系统	—
48	倒流防止器		—
49	吸气阀		—
50	真空破坏器		—
51	防虫网罩		—
52	金属状馆		—
53	法兰连接		—
54	承插连接		—
55	活接头		—

序号	名称	图例	备注
56	官堵		—
57	法兰堵盖		—
58	盲板		—
59	弯折管	高 低　低 高	—
60	管道丁字上接	高／低	—
61	管道丁字下接	高／低	—
62	管道交叉	低／高	在下面和后面的管道应断开
63	偏心异径管		—
64	同心异径管		—
65	乙字管		—
66	喇叭口		—
67	转动接头		—
68	S形存水弯		
69	P形存水弯		
70	90°弯头		
71	正三通		
72	TY三通		
73	斜三通		—

序号	名称	图例	备注
74	正四通		—
75	斜四通		—
76	浴盆排水管		—
77	闸阀		—
78	角阀		—
79	三通阀		—
80	四通阀		—
81	截止阀		—
82	蝶阀		—
83	电动闸阀		—
84	液动闸阀		—
85	气动闸阀		—
86	电动闸阀		—
87	液动闸阀		—
88	气动闸阀		—
89	减压阀		左侧为高压端

序号	名称	图例	备注
90	旋塞阀	平面　　系统	—
91	底阀	平面　　系统	—
92	球阀		—
93	隔膜阀		—
94	气开隔膜阀		—
95	气闭隔膜阀		—
96	电动隔膜阀		—
97	温度调节阀		—
98	压力调节阀		—
99	电磁阀		—
100	止回阀		—
101	消声止回阀		—
102	持压阀		—
103	泄压阀		—
104	弹簧安全阀		左侧为通用
105	平衡锤安全阀		—

11　园林给排水工程施工图识图　197

序号	名称	图例	备注
106	自动排气阀	平面　　系统	—
107	浮球阀	平面　　系统	—
108	水力液位控制阀	平面　　系统	—
109	延时自闭冲洗阀		—
110	感应式冲洗阀		—
111	吸水喇叭口	平面　　系统	—
112	疏水器		—
113	放水水嘴	平面　　系统	—
114	皮带水嘴	平面　　系统	—
115	洒水(栓)水嘴		—
116	化验水嘴		—
117	肘式水嘴		—
118	脚踏开关水嘴		—

序号	名称	图例	备注
119	混合水嘴		—
120	旋转水嘴		—
121	浴盆带喷头混合水嘴		—
122	蹲便器脚踏开关		—
123	矩形化粪池	HC	HC 为化粪池
124	隔油池	YC	YC 为隔油池代号
125	沉淀池	CC	CC 为沉淀池代号
126	降温池	JC	JC 为降温池代号
127	中和池	ZC	ZC 为中和池代号
128	雨水口（单算）		—
129	雨水口（双算）		—
130	阀门井及检查井	J-×× J-×× W-×× W-×× Y-×× Y-××	以代号区别管道
131	水封井		—
132	跌水井		—

序号	名称	图例	备注
133	水表井		—
134	卧式水泵	平面　　系统 或	—
135	立式水泵	平面　　系统	—
136	潜水泵		—
137	定量泵		—
138	管道泵		—
139	卧式容积热交换器		—
140	立式容积热交换器		—
141	快速管式热交换器		—
142	板式热交换器		—
143	开水器		—
144	喷射器		小三角为进水端
145	除垢器		—

续表

序号	名称	图例	备注
146	水锤消除器		—
147	搅拌器		—
148	紫外线消毒器	ZWX	—

（2）标高标注

平面图、系统图中，管道标高应按图 11-1（a）所示的方式标注；沟渠标高应按图 11-1（b）所示的方式标注；剖面图中，管道及水位的标高应按图 11-1（c）所示的方式标注。

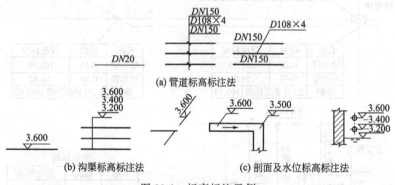

图 11-1　标高标注示例

（3）管径

管径的单位一般用"mm"表示。水输送钢管（镀锌或水镀锌）、铸铁管等材料，以公称直径 DN 表示（如 $DN50$）；焊接钢管、无缝钢管等，以外径 $D \times$ 壁厚表示（如 $D108 \times 4$）；钢筋混凝土管、混凝土管、陶土管等，以内径 d 表示（如 $d230$）。

管径的表示方法应符合图 11-2 中的规定。

图 11-2　管径的标注

（4）管线综合表示

园林中管线种类较少、密度也小，为了合理安排各种管线，综合解决各种管线在平面和竖向上的相互关系，一般用管线综合平面图来表示。遇到管线交叉处，可用垂距简表表示，如图 11-3 所示。

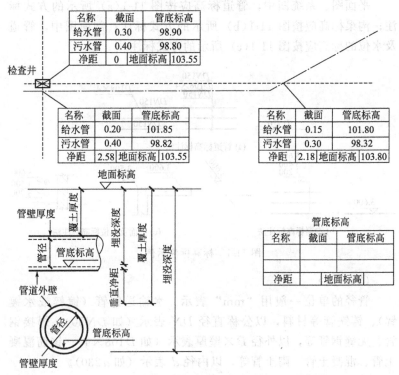

名称	截面	管底标高
给水管	0.30	98.90
污水管	0.40	98.80
净距	0	地面标高 103.55

名称	截面	管底标高
给水管	0.20	101.85
污水管	0.40	98.82
净距	2.58	地面标高 103.55

名称	截面	管底标高
给水管	0.15	101.80
污水管	0.30	98.32
净距	2.18	地面标高 103.80

管底标高		
名称	截面	管底标高
净距		地面标高

图 11-3　管线综合表示法

11.1.3 给排水平面布置图

（1）表达的内容与要点

① 建筑物、构筑物及各种附属设施 各种建筑物、构筑物、道路、广场、绿地、围墙等，均按建筑总平面的图例根据其相对位置关系用细实线绘出其外形轮廓线。

② 管线及附属设备 各种类型的管线是本图表达的重点内容，以不同类型的线型表达相应的管线，并标注相关尺寸，以满足水平定位要求。水表井、检查井、消火栓、化粪池等附属设备的布置情况，以专用图例绘出，并标注其位置。

（2）绘图的基本要求

建筑物、构筑物、道路、广场、绿地、围墙等，应与总图一致。给水、排水、雨水、热水、消防、中水、工艺管道等，应绘制在同一张图上。如管线种类繁多且地形复杂，使得在同一图上表达困难时，可按不同管道种类分别绘制。各类管线及附属设备用专用图例绘制，并按规定的编号方法进行编号，注明进水、出水、排水、雨水等相关管道的连接点位置、连接方式、分界井号、管径、标高、定位尺寸与水流方向。绘制各构筑物、建筑物的进水管、出水管、供水管、排泥管、加药管，并标注管径和进行定位。在图上标明各类管道的管径和定位尺寸。图上应绘制风玫瑰图，无污染时可用指北针代替。构筑物、建筑物及管线定位采用下列两种方法。

① 坐标法 对构筑物、建筑物，标注其中心坐标（圆形类）或两对角坐标（方形类）；对于管线类，标注其管道转弯点（井）的中心坐标。

② 控制尺寸线法 以永久建筑物和构筑物的外墙（壁）线、轴线、道路中心线为控制基线，标注管道的水平位置。

11.1.4 给排水管道的纵断面图

（1）要表达的内容与要点

① 原始地形、地貌与原有管道、其他设施等 给水及排水管道纵断面图中，应标注原始地平线、设计地面线、道路、排水沟、

河谷及与本管道相关的各种地下管道、地沟、电缆沟等的相对距离和各自的标高。

② 设计地面、管线及相关的建筑物、构筑物　绘出管线纵断面及与之相关的设计地面、附属构筑物、建筑物，并进行编号。标明管道结构（管材、接口形式、基础形式）、管线长度、坡度与坡向、地面标高、管线标高（重力流标注管内底、压力流标注管道中心线）、管道埋深、井号及交叉管线的性质、大小与位置。

③ 标高标尺　一般在图的左前方绘制一标高标尺，表达地面与管线等的标高及其变化。

(2) 绘图的基本要求

① 压力流管道用单粗实线表示，重力流管道用双中粗实线表示。在对应的平面图中，均采用单中粗实线表示。当管道直径大于400mm时，纵断面图可用双中粗实线表示。

② 设计地面线、阀门井、检查井、相交的管线、道路、河流、竖向定位线等均采用细实线绘制，自然地面线用细虚线绘制。

11.2　园林给排水施工图识读

(1) 给排水管道平面图

图 11-4 是某环境给排水管道平面图的部分内容。在该平面图中，给水管道的走向是从大管径到小管径。排水管道的走向则是在各检查井之间沿水流方向从高标到低标高敷设，管径是从小到大。

如图 11-5 所示是跌水喷泉给排水管道平面图，显示了喷泉水池溢流管、喷泉补水管、排水管、强排管的位置、管径和标高，阀门井、检查井的位置，水池壁、底和地面的标高，还显示了给水主、支管线的标高和连接位置以及喷头布置情况。

(2) 给排水管道系统图

系统图是用轴测投影的方法来表示给排水管道系统的上、下层之间，前后、左右之间的空间关系的。在系统图中除注有各管径尺寸及主管编号外，还注有管道的标高和坡度。如图 11-6 所示的跌

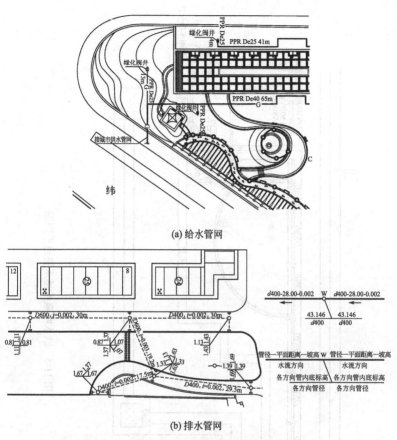

(a) 给水管网

(b) 排水管网

图 11-4 给排水管道平面图

水喷泉给排水系统图，详细表现了喷泉溢流管道口、排空管道口的标高和管径，潜水泵位置标高，各喷头的标高，主、支管线管径、标高和连接位置。

（3）给排水管道安装详图

给排水管道安装详图，是表明给排水工程中某些设备或管道节点的详细构造与安装要求的大样图。

如图 11-7 所示为该给水引入管穿过基础的施工详图。图样以剖面的方法表明引入管穿越墙基础时，应预留洞口，管道安装好后，洞口

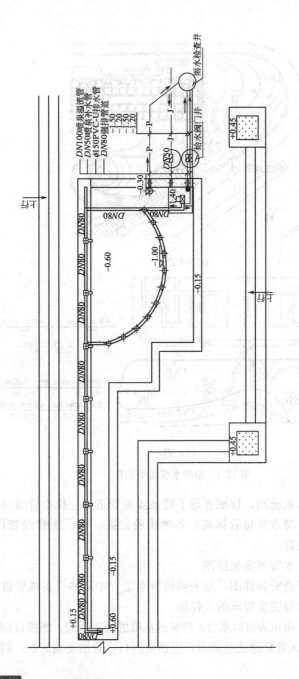

图 11-5 跌水喷泉给排水管道平面图

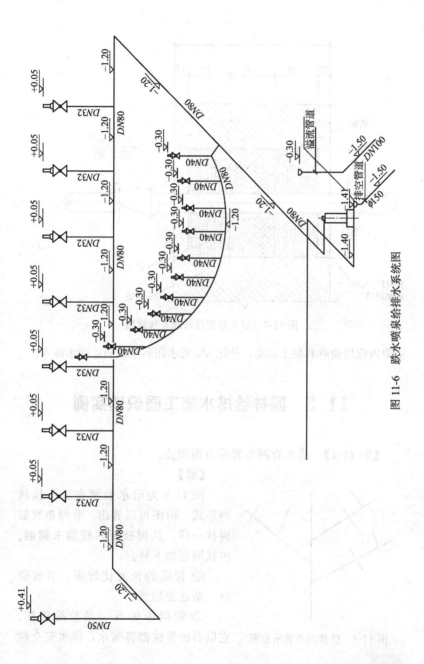

图 11-6　跌水喷泉给排水系统图

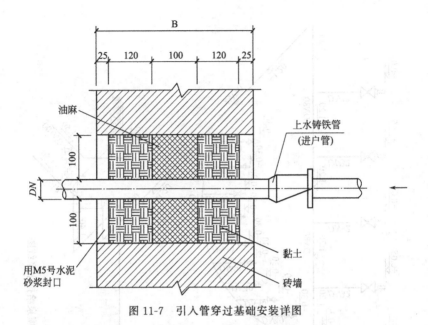

图 11-7 引入管穿过基础安装详图

空隙内应用油麻和黏土填实，外抹 M5 的水泥砂浆以防止雨水渗入。

11.3 园林给排水施工图识读实例

【例 11-1】 给水管网布置示意图识读。

【解】

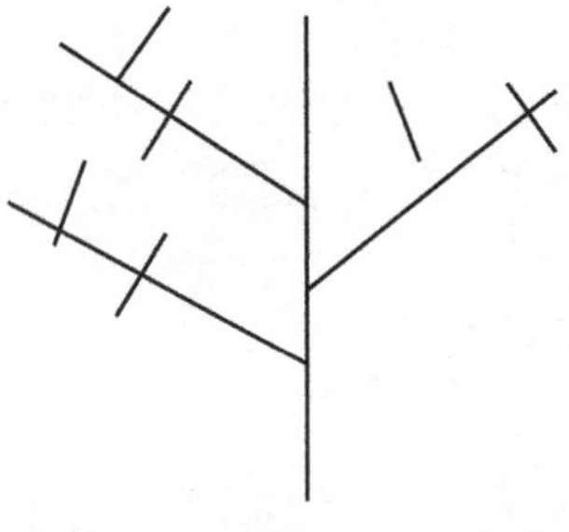

图 11-8 为给水管网布置的枝状网形式。由图可以看出，管网布置如树枝一样，从树枝至树枝越来越细。树状网有如下特点：

① 管线的长度比较短，节省管材，基建费用低。

② 管网中如有一条管线损坏，它以后的管线都将断水，供水安全性

图 11-8 枝状网布置示意图

较差。

【例11-2】 给水管道交叉处理示意图识读。

【解】

图11-9为套管和管廊,从图中可以了解以下内容。

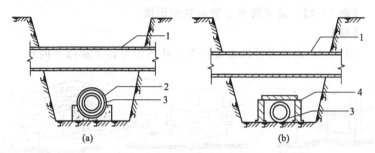

图11-9 套管和管廊示意图

1—排水管道;2—套管;3—铸铁管道或钢管道;4—管廊

圆形或矩形管道与其下方的钢管道或铸铁管道交叉且同时施工时,对下方的管道宜加设套管或管廊。

套管或管廊应符合下列规定。

① 套管的内径或管廊的净宽,不应小于管道结构的外缘宽度加300mm。

② 套管或管廊的长度不宜小于上方排水管道基础宽度加管道交叉高差的3倍,且不宜大于基础宽度加1m。

③ 套管可采用钢管、铸铁管或钢筋混凝土管,管廊可采用砖砌或其他材料砌筑的混合结构。

④ 套管或管廊两端与管道之间的孔隙应封堵严密。

【例11-3】 管基处理示意图识读。

【解】

图11-10为桩排架混凝土管

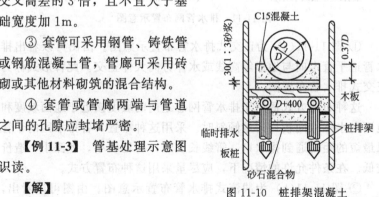

图11-10 桩排架混凝土
管基示意图

基，从图中可以了解以下内容。

在沼泽土壤及流砂中，所有管道应铺设在可以承受管重及土压而无变形的基础上，一般采用桩排架并筑混凝土基座。由图可以看出桩排架混凝土管基是排桩架与混凝土管基的组合。

【例 11-4】 排水管网布置示意图识读

【解】

图 11-11 为排水管网布置种类，从图中可以了解以下内容。

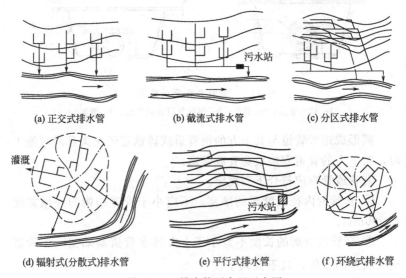

(a) 正交式排水管　　　(b) 截流式排水管　　　(c) 分区式排水管

(d) 辐射式(分散式)排水管　　(e) 平行式排水管　　(f) 环绕式排水管

图 11-11　排水管网布置示意图

① 图 11-11(a) 为正交式排水管布置示意图。由图可以看出排水管道干管走向与地形等高线或水体方向大体正交。此种形式称为正交式排水管布置图。

这种布置方式适用于排水管网总走向的坡度接近于地面坡度和地面向水体方向较均匀地倾斜时。采用这种布置，各排水区的干管以最短的距离通到排水口，管线长度短，管径较小，埋深小，造价较低。在条件允许的情况下，应尽量采用这种布置方式。

② 图 11-11(b) 为截流式排水管布置示意图。由图可以看出，与正交式排水管布置的不同之处是在沿水体正交处再设置了一条截

流管将污水引进污水站。

这种布置形式可减少污水对园林水体的污染，也便于对污水进行集中处理。

③ 图 11-11(c) 为分区式排水管布置示意图。当规划设计的园林地形高低差别很大时，可分别在高地形区和低地形区各设置独立的、布置形式各异的排水管网系统，这种形式就是分区式布置。由图可以看出，在不同等高线部位各设置独立的排水管网。低区管网可按重力自流方式直接排入水体时，则高区干管可直接与低区管网连接。如低区管网的水不能依靠重力自流排除，那么就将低区的排水集中到一处，用水泵提升到高区的管网中，由高区管网依靠重力自流方式把水排除。

④ 图 11-11(d) 为辐射式排水管布置示意图。在用地分散、排水范围较大、基本地形是向周围倾斜的和周围地区都有可供排水的水体时，为了避免管道埋设太深和降低造价，可将排水干管布置成分散的、多系统的、多出口的形式。这种形式又叫分散式布置。由图可以看出其排水范围较大，可以向四周不同方向排水。

⑤ 图 11-11(e) 为平行式排水管布置示意图。由图可以看出，将排水管主干管布置成与水体平行或夹角很小的状态。在地势向河流湖泊方向有较大倾斜的园林中，为了避免因管道坡度和水的流速过大而造成管道被严重冲刷的现象，则可设置成该种形式。

⑥ 图 11-11(f) 为环绕式排水管布置示意图。由图可以看出，将辐射式布置的多个分散出水口用一条排水主干管串联起来，使主干管环绕在周围地带。在主干管的最低点集中布置一套污水处理系统，以便污水的集中处理和再利用。

【例 11-5】 排水管道纵断面图。

【解】

图 11-12 为排水管道纵断面图，从图中可以了解以下内容。

由图可直接查出有关排水管道每一节点处的设计地面标高、管底标高、管道埋深、管径、坡度、距离、检查井编号等。例如，编号 P4 检查井处的设计地面标高为 4.10m，管底标高 2.75m，管道埋深为 1.35m。

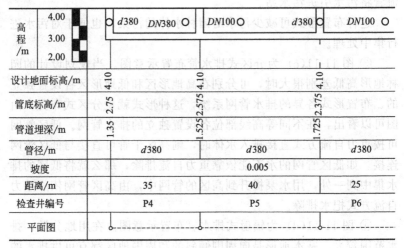

高程/m	4.00 3.00 2.00	d380 DN380	DN100	d380	DN100

设计地面标高/m	4.10	4.10	4.10
管底标高/m	2.75	2.575	2.375
管道埋深/m	1.35	1.525	1.725
管径/m	d380	d380	d380
坡度		0.005	
距离/m	35	40	25
检查井编号	P4	P5	P6
平面图			

图 11-12　排水管道纵断面图

思 考 题

1. 给排水平面布置图的绘图基本要求是什么？
2. 什么是给排水管道安装详图？
3. 园林给排水图都有哪些特点？
4. 什么是控制尺寸线法？

12 园林假山、水景施工图识图

12.1 园林假山施工图识图

12.1.1 假山的类型与作用

假山是中国古典园林中不可缺少的构成要素之一，也是中国古典园林最具民族特色的一部分，作为园林的专项工程之一，已成为中国园林的象征。

（1）假山的类型

① 按在园林中的位置和用途可分为园山、厅山、楼山、阁山、书房山、池山、室内山、壁山和兽山。

② 按假山的组合形态分为山体和水体，山体包括峰、峦、顶、岭、谷、壑、岗、壁、岩、岫、洞、坞、麓、台、磴道和栈道；水体包括泉、瀑、潭、溪、涧、池、矶和汀石等。山水宜结合一体，才相得益彰。

（2）假山的作用

① 骨架功能　利用假山形成全园的骨架，现存的许多中国古代园林莫不如此。整个园子的地形骨架、起伏、曲折皆以假山为基础来变化。

② 空间功能　利用假山，可以对园林空间进行分隔和划分，将空间分成大小不同、形状各异、富于变化的形态。通过假山的穿

插、分隔、夹拥、围合、聚汇，在假山区可以创造出路的流动空间、山坳的闭合空间、峡谷的纵深空间、山洞的拱穹空间等各具特色的空间形式。

③ 造景功能　假山景观是自然山地景观在园林中的再现。自然界奇峰异石、悬崖峭壁、层峦叠嶂、深峡幽谷、泉石洞穴、海岛石礁等景观形象，都可以通过假山石景在园林中再现。

④ 工程功能　用山石作驳岸、挡土墙、护坡和花台等。在坡度较陡的土山坡地常散置山石以护坡，这些山石可以阻挡和分散地面径流，降低地面径流的流速，从而减少水土流失。

⑤ 使用功能　可以用假山作为室内外自然式的家具或器设。如石屏风、石榻、石桌、石几、石凳、石栏等，既不怕日晒夜露，又可结合造景。

12.1.2　假山的基本结构

假山的造型变化万千，一般经过选石、采运、相石、立基、拉底、堆叠中层和结顶等工序叠砌而成。其基本结构与建造房屋有共同之处，可分为三大部分。

（1）假山基础

假山的基础如同房屋的根基，是承重的结构。因此，无论是承载能力，还是平面轮廓的设计都非常重要。基础的承载能力是由地基的深浅、用材、施工等方面决定的。地基的土壤种类不同，承载能力也不同。岩石类，$50\sim400t/m^2$；碎石土，$20\sim30t/m^2$；砂土类，$10\sim40t/m^2$；黏性土，$8\sim30t/m^2$；杂质土承载力不均匀，必须回填好土。根据假山的高度，确定基础的深浅，由设计的山势、山体分布位置等确定基础的大小轮廓。假山的重心不能超出基础之外，重心偏离铅垂线，稍超越基础，山体倾斜时间长了，就会倒塌。

现在的假山基础多用浆砌水泥或混凝土结构。这类基础承载能力大，能耐强大的压力，施工速度较快。在基土坚实的情况下可采用素土槽浇灌混凝土，开槽时，在实际基础外 $50\sim60cm$ 开挖，槽深 $50\sim60cm$。混凝土的厚度在陆地上为 $10\sim20cm$，在水中为 $50\sim$

60cm。假山超过 2m 时，可以适当增厚。混凝土强度等级，陆地上不低于 C10，水泥、砂子和卵石混合的质量比为 1：2：(4～6)。水中假山基础采用 C15 水泥砂浆砌块石或 C20 素混凝土作基础。

（2）假山中层

假山的中层指底石之上、顶层以下的部分，这部分体量大，占据了假山一大部分高度，是人们最容易看到的地方。

（3）假山顶层

假山顶层是指最顶层的山石部分。外观上，顶层起着画龙点睛的作用，一般有峰、峦和平顶三种类型。

① 峰　剑立式，上小下大，有竖直而挺拔高耸之感；斧立式，上大下小，如斧头倒立，稳重中存在险意；斜壁式，上小下大，斜插如削，势如山岩倾斜，有明显动势。

② 峦　山头比较圆缓的一种形式，柔美的特征比较突出。

③ 平顶　山顶平坦如盖，或如卷云、流云。这种假山整体上大下小，横向挑出，如青云横空，高低参差。

（4）假山石的表示方法

山石的平面图可用表 12-1 中的图例表示。

表 12-1　山石图例

序号	名称	图例	序号	名称	图例
1	自然山石假山		3	土石假山	 包括土包石、石包土及土假山
2	人工塑石假山		4	独立景石	

散石的绘制，如图 12-1 所示。

山石小品的表示方法，如图 8-18 所示。

12.1.3　假山设计图的绘制方法和步骤

由于山石素材的形状特征比较复杂，没有一定的规则，所以在

(a) 青石

(b) 南太湖石

(c) 树池山石

(d) 皱多的石

(e) 卵形山石

图 12-1　散石的绘制

假山工程施工图图中，没有必要也不可能将各部尺寸精确地注明。一般采用坐标方格网来直接确定尺寸，而只标注一些设计要求较高的尺寸和必要的标高。网格的大小根据所需精度确定，网格坐标的比例应与图中比例一致。

（1）假山平面图的绘制方法和步骤

① 画定位轴线　画出定位轴线和直角坐标网格，为绘制各高程位置的水平面形状及大小提供绘图控制基准。

② 画平面形状轮廓线　根据标高投影法绘制假山底面、顶面及其间各高程为止的水平面形状。

③ 检查地图，按山石的表示方法加深图形。

④ 注写数字及文字说明　标注坐标网格的尺寸数字和有关高程，编注轴线编号、剖切符号，注写图名、比例及其他有关文字说明等内容。

（2）假山立面图的绘制方法和步骤

① 画定位轴线　根据立面图的方向画出定位轴线，并画出以长度方向为横坐标、以高度方向为纵坐标的直角坐标网格，作为绘图的控制基准。

② 画假山立面基本轮廓　首先绘制整体轮廓线，再利用切割

或垒叠的方法，逐步画出各部分基本轮廓。

③ 画出皴纹，加深图线　根据假山的形状特征、前后层次及阴阳背向，依据轮廓画出皴纹，检查无误后描深图线。

④ 注写数字及文字　注写坐标网格的尺寸数字、轴线编号、图名、比例及有关文字说明。

（3）假山剖面图的绘制方法和步骤

① 画出图形控制线　图中有定位轴线的先画出定位轴线，再画直角坐标网格；不便标注定位轴线的，则直接画出直角坐标网格。

② 画出剖切到的断面轮廓线。

③ 画出其他细部结构。

④ 检查底图，加深图线　加深图线时，断面轮廓线用粗实线表示，其他用细实线表示。

⑤ 标注尺寸及文字说明　注写坐标网格的尺寸数字和必要的尺寸及标高，标注轴线编号、图名、比例及有关文字说明。

12.1.4　假山工程施工图识读

（1）假山施工平面图

① 内容

a. 假山的平面位置、尺寸。

b. 山峰、制高点、山谷、山洞的平面位置、尺寸及各处高程。

c. 假山附近地形及建筑物、地下管线及与山石的距离。

d. 植物及其他设施的位置、尺寸。

e. 图纸的比例尺一般为1:（20～50），度量单位为mm。

② 绘制要求

a. 画出定位轴线。画出定位轴线和直角坐标网格，为绘制各高程位置的水平面形状及大小提供绘图控制基准。

b. 画出平面形状轮廓线。底面、顶面及其间各高程位置的水平面形状，根据标高投影法绘图，但不注明高程数字。

c. 检查底图，并描深图形。在描深图形时，对山石的轮廓应根据前面讲述的山石的表示方法加深，其他图线用细实线表示。

d. 注写有关数字和文字说明。注明直角坐标网格的尺寸数字和有关高程，注写轴线编号、剖切线、图名、比例及其他有关文字说明和朝向。

e. 检查并完成全图。

（2）假山施工立面图

立面图是在与假山立面平行的投影面所作的投影图。立面图是表示假山的造型及气势最好的施工图。

① 内容

a. 假山的层次、配置形式。

b. 假山的大小及形状。

c. 假山与植物及其他设备的关系。

② 绘制要求

a. 画出定位轴线，并画出以长度方向尺寸为横坐标、以高程尺寸为纵坐标的直角坐标网格，作为绘图的控制基准。

b. 画假山的基本轮廓。绘制假山的整体轮廓线，并利用切割或垒叠的方法，逐渐画出各部分基本轮廓。

c. 依廓加皴、描深线条。根据假山的形状特征、前后层次、阴阳背向，依廓加皴，描深线条，体现假山的气势和质感。

d. 注写数字和文字。注写出坐标数字、轴线编号、图名、比例及有关文字说明。

e. 检查并完成全图。

（3）假山施工剖面图

① 内容

a. 假山各山峰的控制高程。

b. 假山的基础结构。

c. 管线位置、管径。

d. 植物种植池的做法、尺寸、位置。

② 绘制要求

a. 画出图表控制线。图中如有定位轴线则先画出定位轴线，再画出直角坐标网格。

b. 画出截面轮廓线。

c. 画出其他细部结构。

d. 检查底图并加深图线。在加深图线时，截面轮廓线用粗实线表示，其他用细实线画出。

e. 标注尺寸，注写标高及文字说明。注写出直角坐标值和必要的尺寸及标高，注写出轴线编号、图名、比例及有关文字说明。

f. 检查并完成全图。

12.1.5 假山工程施工图识读实例

【例12-1】 假山尺寸施工图识读。

【解】

图12-2为假山尺寸示意图，从图中可以了解以下内容：

从图中可知该假山的详细尺寸，假山石高为3600mm。

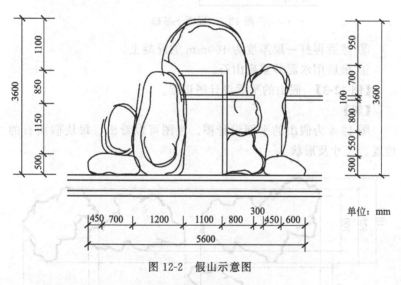

图12-2 假山示意图

【例12-2】 假山石基础的混凝土基础施工图识读。

【解】

图12-3为假山石基础的混凝土基础，从图中可以了解以下内容。

① 先将素土夯实。

② 再铺一层厚度为300mm的砂石垫层。

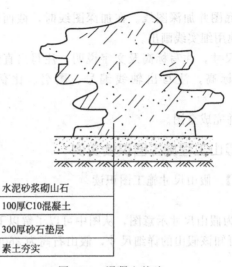

水泥砂浆砌山石

100厚C10混凝土

300厚砂石垫层

素土夯实

图 12-3 混凝土基础

③ 然后再打一层厚度为 100mm 的混凝土。

④ 最后用水泥砂浆砌山石。

【例 12-3】 假山的平面设计图识读。

【解】

图 12-4 为假山的平面设计图。由图可以看出，每块假山石的位置、尺寸及形状。

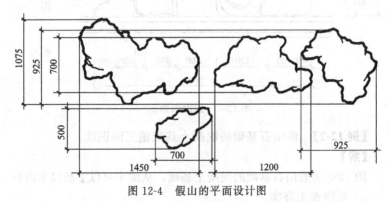

图 12-4 假山的平面设计图

【例 12-4】 假山的立面设计图识读。

【解】

图 12-5 为假山的立面设计图。由图可以看出每块假山石的高差、立面形状和相对位置。

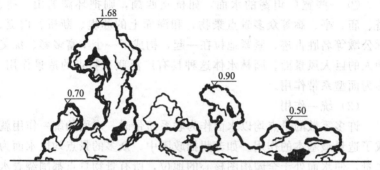

图 12-5　假山的立面设计图

12.2　园林水景施工图识图

水景工程，是与水体造园相关的所有工程的总称。它研究怎样利用水体要素来营造丰富多彩的园林水景形象。一般说来，水景工程主要包括喷泉工程、室内水景工程、园林水体建造工程及其岸坡工程等几部分。

12.2.1　水景的作用

（1）系带作用

水面具有将不同的园林空间和园林景点联系起来，而避免景观结构松散的作用。这种作用就叫作水面的系带作用，它有线型和面型两种表现形式。

① 将水作为一种关联因素，可以在散落的景点之间产生紧密结合的关系，互相呼应，共同成景。一些曲折而狭长的水面，在造景中能够将许多景点串联起来，形成一个线状分布的风景带。例如扬州瘦西湖，其带状水面绵延数千米，一直到达平山堂；众多的景

点或依水而建，或深入湖心，或跨水成桥，整个狭长水面和两侧的景点就好像一条翡翠项链。水体这种方向性较强的串联造景作用，就是线型系带作用。

②一些宽广坦荡的水面，如杭州西湖，则把环湖的山、树、塔、庙、亭、廊等众多景点景物，和湖面上的苏堤、断桥、白堤、阮公墩等名胜古迹，紧紧地拉在一起，构成了一个丰富多彩、优美动人的巨大风景面。园林水体这种具有广泛联系特点的造景作用，称为面型系带作用。

（2）统一作用

许多零散的景点均以水面作为联系纽带时，水面的统一作用就成了造景最基本的作用。如苏州拙政园中，众多的景点均以水面为底景，使水面处于全园构图核心的地位，所有景物景点都围绕着水面布置，就使景观结构更加紧密，风景体系也就呈现出来，景观的整体性和统一性就大大加强了。从园林中许多建筑的题名来看，也都反映了对水景的依赖关系（如倒影楼、塔影楼等）。水体的这种作用，还能把水面自身统一起来。不同平面形状和不同大小的水面，只要相互连通或者相互邻近，就可统一成一个整体。

（3）焦点作用

飞涌的喷泉、狂跌的瀑布等动态水景，其形态和声响很容易引起人们的注意，对人们的视线具有一种收敛的、吸引的作用。这类水景往往就能够成为园林某一空间中的视线焦点和主景。这就是水体的直接焦点作用。作为直接焦点布置的水景设计形式有喷泉、瀑布、水帘、水墙、壁泉等。

（4）基面作用

大面积的水面视域开阔坦荡，可作为岸畔景物和水中景观的基调、底面使用。当水面不大，但水面在整个空间中仍具有面的感觉时，水面仍可作为岸畔或水中景物的基面，产生倒影，扩大和丰富空间。

12.2.2 水景的景观效果与表现

（1）水景的景观效果

水景的景观效果，如图12-6所示。

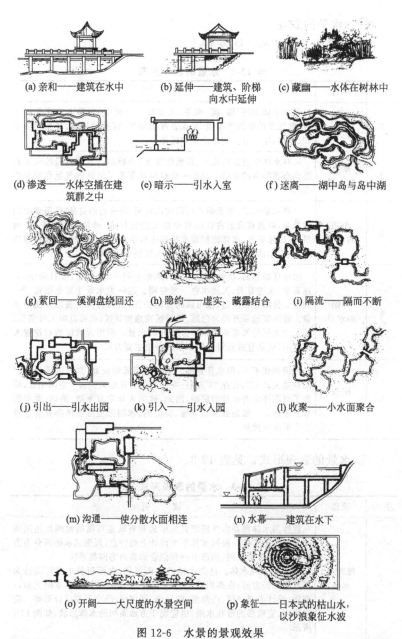

(a) 亲和——建筑在水中　　(b) 延伸——建筑、阶梯　　(c) 藏幽——水体在树林中
　　　　　　　　　　　　　　　向水中延伸

(d) 渗透——水体空插在建　　(e) 暗示——引水入室　　(f) 迷离——湖中岛与岛中湖
　　　筑群之中

(g) 萦回——溪涧盘绕回还　　(h) 隐约——虚实、藏露结合　　(i) 隔流——隔而不断

(j) 引出——引水出园　　(k) 引入——引水入园　　(l) 收聚——小水面聚合

(m) 沟通——使分散水面相连　　(n) 水幕——建筑在水下

(o) 开阔——大尺度的水景空间　　(p) 象征——日本式的枯山水，
　　　　　　　　　　　　　　　　　　以沙浪象征水波

图 12-6　水景的景观效果

（2）水景的表现

① 水景的表现形态，见表 12-2。

表 12-2　水景的表现形态

序号	项目	说　明
1	幽深的水景	带状水体如河、渠、溪、涧等,当穿行在密林中、山谷中或建筑群中时,其风景的纵深感很强,水景表现出幽远、深邃的特点,环境显得平和、幽静,暗示着空间的流动和延伸
2	动态的水景	园林水体中湍急的流水、狂泄的瀑布、奔腾的跌水和飞涌的喷泉就是动态感很强的水景。动态水景给园林带来了活跃的气氛和勃勃的生气
3	小巧的水景	一些水景形式,如无锡寄畅园的八音涧、济南的趵突泉、昆明西山的珍珠泉,以及在我国古代园林中常见的流杯池、砚池、剑池、壁泉、滴泉、假山泉等等,水体面积和水量都比较小。但正因为小,才显得精巧别致、生动活泼,能够小中见大,让人感到亲切多趣
4	开朗的水景	水域辽阔坦荡,仿佛无边无际。水景空间开朗、宽敞,极目远望,天连着水、水连着天,天光水色一派空明。这一类水景主要是指江、海、湖泊。公园建在江边,就可以向宽阔护江面借景,从而获得开朗的水景。将海滨地带开辟为公园、风景区或旅游景区,也可以向大海借景,使无边无际的海面成为园林旁的开朗水景。利用天然湖泊或挖建人工湖泊,更是直接获得开朗水景的一个主要方式
5	闭合的水景	水面面积不大,但也算宽阔。水域周围景物较高,向外的透视线空间仰角大于13°,常在18°左右,空间的闭合度较大。由于空间闭合,排除了周围环境对水域的影响,因此,这类水体常有平静、亲切、柔和的水景表现。一般的庭园水景池、观鱼池、休闲泳池等水体都具有这种闭合的水景效果

② 水景的表现形式，见表 12-3。

表 12-3　水景的表现形式

序号	项目	说　明
1	规则式水体	这样的水体都是由规则的直线岸边和有轨迹可循的曲线岸边围成的几何图形水体。根据水体平面设计上的特点,规则式水体可分为方形系列、斜边形系列、圆形系列和混合形系列等四类形状。 　　a. 方形系列水体。这类水体的平面形状,在面积较小时可设计为正方形和长方形;在面积较大时,则可在正方形和长方形基础上加以变化,设计为亚字形、凸角形、曲尺形、凹字形、凸字形和组合形等。应当指出,直线形的带状水渠,也应属于方形系列的水体形状,如图12-7所示

序号	项目	说　明
1	规则式水体	b. 斜边形系列水体。水体平面形状设计为含有各种斜边的规则几何形如三角形、六边形、菱形、五角形，和具有斜边的不对称、不规则的几何形。这类池形可用于不同面积大小的水体，如图12-8所示 　　c. 圆形系列水体。主要的平面设计形状有圆形、矩圆形、椭圆形、半圆形、月牙形等，这类池形主要适用于面积较小的水池，如图12-9所示 　　d. 混合形系列水体。是由圆形和方形、矩形相互组合变化出的一系列水体平面形状，如图12-10所示
2	自然式水体	岸边的线型是自由曲线线型，由线围合成的水面形状是不规则的和有多种变异的形状，这样的水体就是自然式水体。自然式水体主要可分宽阔型和带状型两种。 　　a. 宽型水体。一般的园林湖、池多是宽型的，即水体的长宽比值在(1∶1)～(3∶1)之间。水面面积可大可小，但不为狭长形状 　　b. 带状水体。水体的长宽比值超过3∶1时，水面呈狭长形状，这就是带状水体。园林中的河渠、溪涧等都属于带状水体
3	混合式水体	这是规则式水体形状与自然式水体形状相结合的一类水体形式。在园林水体设计中，在以直线、直角为地块形状特征的建筑边线、围墙边线附近，为了与建筑环境相协调，常常将水体的岸线设计成局部的直线段和直角转折形式，水体在这一部分的形状就成了规则式的。而在距离建筑、围墙边线较远的地方，自由弯曲的岸线不再与环境相冲突，就可以完全按自然式来设计

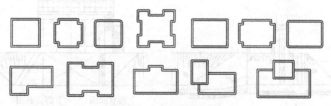

图 12-7　方形系列水体

图 12-8　斜边形系列水体

图 12-9 圆形系列水体

图 12-10 混合形系列水体

水景工程施工图是表达水景工程构建物（例如码头、护坡、驳岸、喷泉、水池和溪流等）的图样。在水景工程施工图中，除表达工程设施的土建部分外，一般还包括机电、管道和水文地质等专业内容。

12.2.3 水景工程施工图的表达方法

（1）视图的配置

水景工程图的基本图样仍然包括平面图、立面图和剖面图。水景工程构筑物，例如基础、驳岸、水闸、水池等许多部分被土层覆盖，所以剖面图和断面图应用较多。图 12-11 所示的水闸结

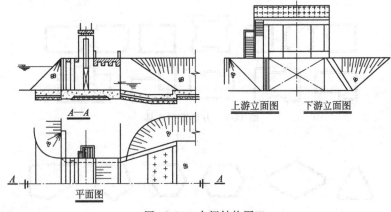

图 12-11 水闸结构图

构图采用平面图、侧立面图和 $A—A$ 剖面图来表达。由于平面图形对称，所以只画了一半。侧立面图为上游立面图和下游立面图合并而成。人站在上游面向建筑物所得的视图叫作上游立面图，人站在下游面向建筑物所得的视图叫作下游立面图。为看图方便，每个视图都应在图形下方标出名称。各视图应尽量按投影关系配置。

（2）其他表示方法

① 局部放大图　物体的局部结构用较大比例画出的图样称为局部放大图或详图。放大的详图必须标注索引标志和详图标志。图 12-12 是护坡剖面及结构的局部放大图，原图上可用细实线圈表示需要放大的部位，也可采用注写名称的方法。

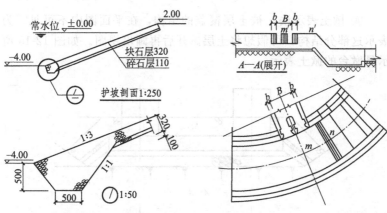

图 12-12　护坡剖面及结构局部放大图　　图 12-13　渠道的展开剖面图

② 展开剖面图　当构筑物的轴线是曲线或折线时，可沿轴线剖开物体并向剖切面投影，然后将所得剖面图展开在一个平面上，这种剖面图称为展开剖面图，在图名后应标注"展开"二字。在图 12-13 中，选沿干渠中心线的圆柱面为剖切面，剖切面后的部分按法线方向向剖切面投影后再展开。

③ 分层表示法　若构筑物有几层结构，在同一视图内可按其结构层次分层绘制。相邻层次用波浪线分界，并用文字在图形下方标注各层名称。如图 12-14 所示为码头的平面图分层表示法。

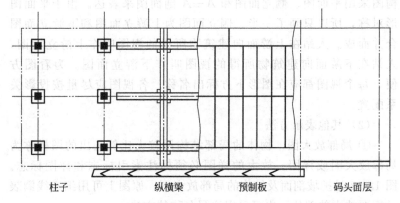

柱子　　　　　　纵横梁　　　预制板　　　码头面层

图 12-14　码头平面图分层表示法

④ 掀土表示法　被土层覆盖的结构，在平面图中不可见。为表示这部分结构，可假想将土层掀开后再画出视图。如图 12-15 所示是墩台的掀土表示。

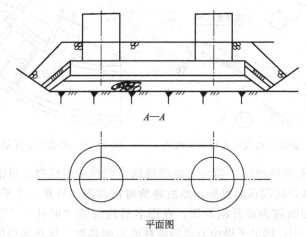

A—A

平面图

图 12-15　墩台的掀土表示

12.2.4　水景工程施工图的内容

水景工程图主要包括总体布置和构筑物结构图。

（1）总体布置图

总体布置图主要表示整体水景工程各构筑物在平面和立面的布置情况。总体布置图以平面布置图为主，必要时配置立面图。平面布置图一般画在地形图上。为了使图形主次分明，结构上的次要轮廓线和细节部分构造均省略不画，用图例或示意图表示这些构造的位置和作用。图中一般只注写构筑物的外轮廓尺寸和主要定位尺寸、主要部位的高程和填挖方坡度。总体布置图的绘制比例一般为（1:200）～（1:500）。总体布置图的内容如下：

① 工程设施所在地区的地形现状、河流及流向、水面、地理方位（指北针）等。

② 各工程构筑物的相互位置、主要外形尺寸以及主要高程。

③ 工程构筑物与地面的交线，填、挖方的边坡线。

（2）构筑物结构图

结构图是以水景工程中某一构筑物为对象的工程图，包括结构布置图、分部和细部构造图以及钢筋混凝土结构图。构筑物结构图必须把构筑物的结构形状、尺寸大小、材料、内部配筋以及相邻结构的连接方式等都表达清楚。结构图包括平、立剖面图，详图和配筋图，绘图比例一般为（1:5）～（1:100）。构筑物结构图的内容如下：

① 表明工程构筑物的结构布置、形状、尺寸和材料。

② 表明构筑物各分部和细部构造、尺寸和材料。

③ 表明钢筋混凝土结构的配筋情况。

④ 工程地质情况及构筑物与地基的连接方式。

⑤ 相邻构筑物之间的连接方式。

⑥ 附属设备的安装位置。

⑦ 构筑物的工作条件，例如常水位和最高水位等。

12.2.5　水景工程施工图的识读

（1）驳岸水景工程图

驳岸通常由基础、墙身和压顶三部分组成，如图 12-16 所示。

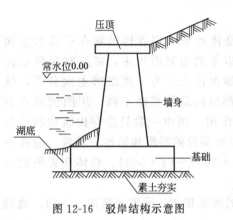

砌石类驳岸是在天然的地基上直接砌筑的驳岸，埋设深度不大，但是基址坚实、稳定，是水景驳岸处理中最常用的形式，其常见的砌石类驳岸的结构图如图 12-17 所示。驳岸按照造型形式分为规则式驳岸、自然式驳岸和混合式驳岸。

图 12-16　驳岸结构示意图

① 规则式驳岸多属于永久性的，要求较好的砌筑材料和较高的施工技术，其特点是简

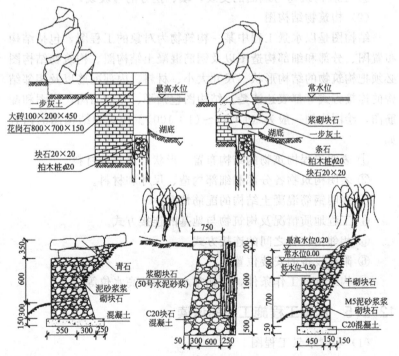

图 12-17　常见砌石类驳岸结构图

洁、规整，但缺乏变化，如图 12-18(a)、图 12-18(b) 所示。

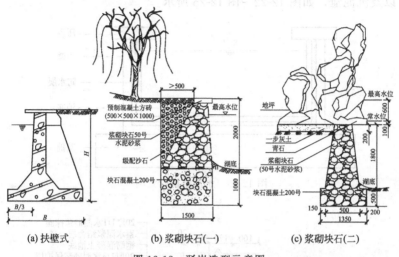

图 12-18　驳岸造型示意图

② 自然式驳岸外观无固定的形状或规则的岸坡处理，其景观效果好。

③ 混合式驳岸是自然式与规则式的结合，这种驳岸易于施工，同时具有一定的装饰性，适用于地形许可并且具有一定装饰要求的湖岸，如图 12-18(c) 所示。

（2）喷水池水景工程图

园林中的喷水池分为规则式和自然式两种。水池由基础、防水层、池底、池壁和压顶等部分组成，如图 12-19 所示。喷水池的基础是水池的承重部分，由灰土和混凝土组成。喷水池的防水材料种类较多，常见的有沥青类、塑料类和橡胶类等。池底直接承受水的竖向压力，要求坚固耐久，多用钢筋混凝土池底，一般厚度大于20cm。若水池容量大，要配双层钢筋网，如图 12-20 所示。池壁是水池的竖向部分，承受池水的水平压力。池壁一般有砖砌池壁、块石池壁和钢筋混凝土池壁三种，如图 12-21 所示。压顶属于池壁的最上部分，其作用为保护池壁，防止污水泥沙流入池中，同时也防止池水溅出。

完整的喷水池还必须设有供水管、补给水管、泄水管和溢水管以及沉泥池，如图 12-22～图 12-25 所示。

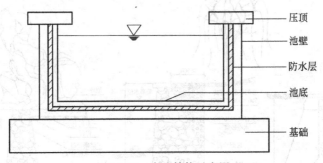

图 12-19　水池结构示意图

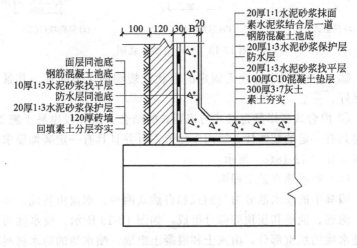

图 12-20　池底构造图

12.2.6　水景工程施工图识读实例

【例 12-5】　水池平面图识读。

【解】

图 12-26 为水池平面图。由图可以看出，水池的构造、尺寸以及所用的材料等。

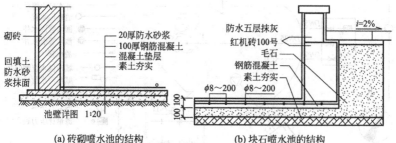

(a) 砖砌喷水池的结构

(b) 块石喷水池的结构

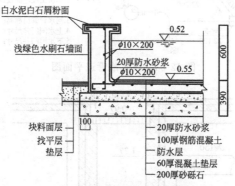

(c) 钢筋混凝土喷水池的结构

图 12-21　喷水池池壁（底）构造图

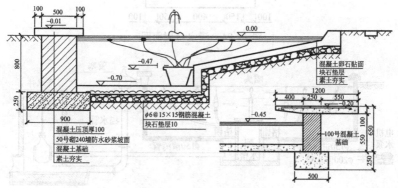

图 12-22　喷水池剖面图

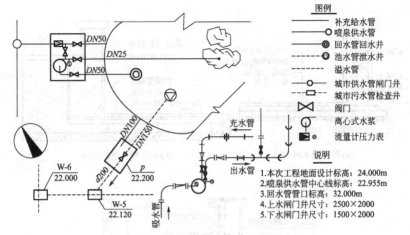

图例

补充给水管
喷泉供水管
回水管回水井
池水管泄水井
溢水管
城市供水管闸门井
城市污水管检查井
阀门
离心式水浆
流量计压力表

说明
1.本次工程地面设计标高：24.000m
2.喷泉供水管中心线标高：22.955m
3.回水管管口标高：32.000m
4.上水闸门井尺寸：2500×2000
5.下水闸门井尺寸：1500×2000

DN50
DN25
DN50
DN100
DN150
W-6 / 22.000
d200
p / 22.200
W-5 / 22.120
吸水管
充水管
出水管

图 12-23　喷水池管道平面图

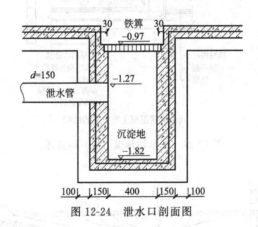

30　铁算　30
−0.97
d=150
−1.27
泄水管
沉淀地
−1.82
100 │ 150 │ 400 │ 150 │ 100

图 12-24　泄水口剖面图

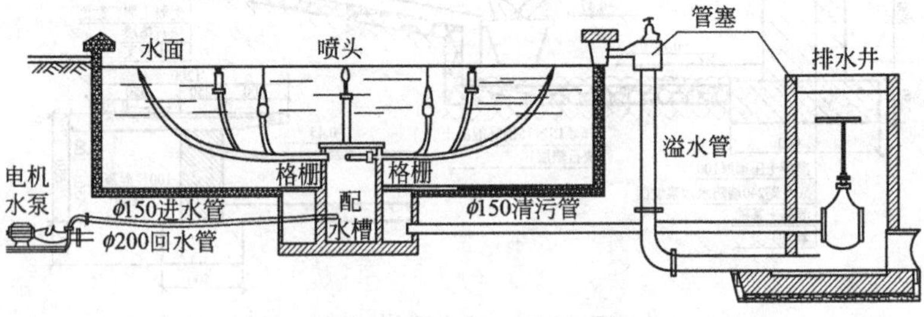

水面　喷头　管塞　排水井
电机水泵
格栅　格栅
配水槽
φ150泄水管
φ200回水管
φ150清污管
溢水管

图 12-25　人工喷泉工作示意图

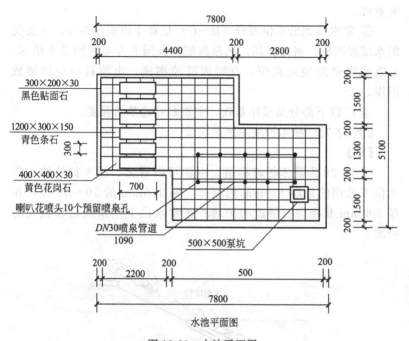

水池平面图

图 12-26　水池平面图

【例 12-6】　驳岸水位关系示意图识读。

【解】

图 12-27 为驳岸的水位关系。由图可以看出，驳岸可分为湖底以下部分、常水位至低水位部分、常水位与高水位之间部分和高水位以上部分。

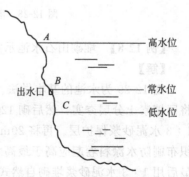

图 12-27　驳岸的水位关系

① 高水位以上部分是不淹没部分，主要受风浪撞击和淘刷、日晒风化或超重荷载，致使下部坍塌，造成岸坡损坏。

② 常水位至高水位部分（B~A）属周期性淹没部分，多受风浪拍击和周期性冲刷，使水岸土壤遭冲刷淤积水中，损坏岸线，影

响景观。

③ 常水位到低水位部分（$B\sim C$）是常年被淹没部分，主要受湖水浸渗冻胀，剪力破坏，风浪淘刷。我国北方地区因冬季结冻，常造成岸壁断裂或移位。有时因波浪淘刷，土壤被淘空后导致坍塌。

④ C 以下部分是驳岸基础，主要影响地基的强度。

【例 12-7】 灌木护坡示意图识读。

【解】

图 12-28 为灌木护坡构造。由图可以看出，灌木护坡的正常水位下采用的是厚 150mm 的粗砂、厚 150mm 的 10～30 碎石和厚 300mm 浆砌块石做成的护坡；正常水位上用水湿植物做成的护坡。

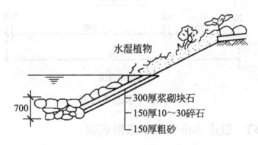

图 12-28　灌木护坡构造

【例 12-8】 堆砌山石水池示意图识读。

【解】

图 12-29 为水池的基本做法。由图可以看出，池壁的构造是先将回填素土分层夯实，然后砌 120mm 厚的砖墙，其上设 20mm 厚 1∶3 水泥砂浆保护层。再将 20mm 厚 1∶3 水泥砂浆找平，塑料编织布刷防水涂料卷起应高于最高水位，然后砌 400～700mm 毛石，最后用 1∶3 水泥砂浆堆砌自然式叠石。

池底构造是先将素土夯实，然后平铺厚 300mm 的 3∶7 灰土，然后涂刷防水涂料，再铺设 200mm 粉砂，最后铺设厚 300mm 砂卵石。

(a) 堆砌山石水池池壁(岸)处理

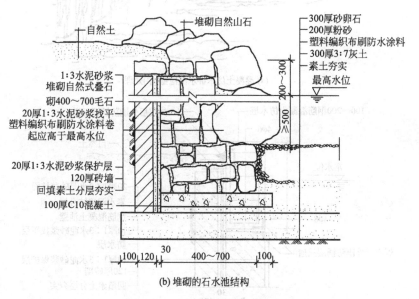

(b) 堆砌的石水池结构

图 12-29　堆砌山石水池做法

【例 12-9】　混凝土仿木桩水池构造图识读。

【解】

图 12-30 为混凝土仿木桩水池的构造,从图中可以知道以下内容。

① 先将回填素土分层夯实。

② 再砌厚度为 120mm 的砖墙。

③ 铺设厚度为 20mm 的 1:3 水泥砂浆保护层,铺设防水层,

(a) 混凝土仿木桩水池池壁(岸)处理

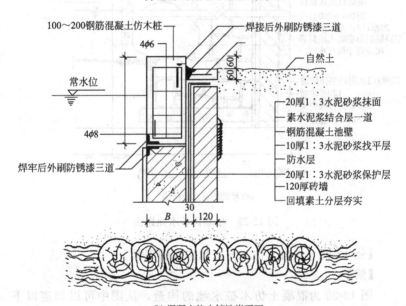

(b) 混凝土仿木桩池岸平石

图 12-30　混凝土仿木桩水池的构造

然后用厚度为 10mm 的 1：3 水泥砂浆找平。

④ 浇筑钢筋混凝土池壁。

⑤ 用素水泥浆涂刷结合层一道，再用厚度为 20mm 的 1：3 水泥砂浆抹平。

【例 12-10】 喷水池管线示意图识读。

【解】

图 12-31 为喷水池管线系统示意图。由图可以看出，完整的喷水池必须具有供水管、补给水管、泄水管和溢水管。

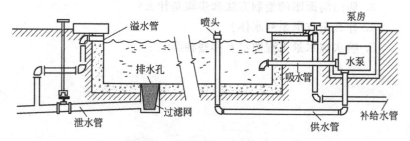

图 12-31　喷水池管线系统示意图

【例 12-11】 泵循环供水瀑布示意图识读。

【解】

图 12-32 为泵循环供水瀑布图。由图可以看出，水泵循环水瀑布一般由出水口、进水口和水泵构成。

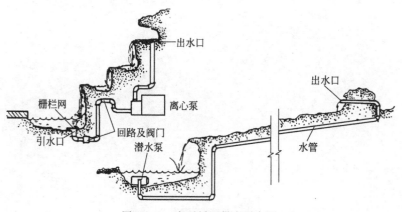

图 12-32　水泵循环供水瀑布图

思 考 题

1. 假山都有哪些作用？
2. 假山顶层都有哪些种类？
3. 假山剖面图的绘制方法和步骤是什么？
4. 什么是方形系列水体？
5. 喷水池水景工程图都有哪些种类？

13 园路、园桥工程施工图识图

13.1 园路工程施工图识图

13.1.1 园路工程施工图的内容

园路是园林的脉络，是联系各个风景点的纽带。园路在园林中起着组织交通的作用，同时更重要的功能是引导游览、组织景观、划分空间、构成园景。

园路施工图主要包括路线平面设计图、路线纵断面图、平面铺装详图和路基横断面图。园路工程施工图具体内容如下。

①指北针（或风玫瑰图），绘图比例（比例尺），文字说明。

②道路、铺装的位置、尺度，主要点的坐标，标高以及定位尺寸。

③小品主要控制点坐标及其定位尺寸。

④地形、水体的主要控制点坐标、标高以及控制尺寸。

⑤植物种植区域轮廓。

⑥对无法用标注尺寸准确定位的自由曲线园路、广场、水体等，应给出该部分局部放线详图，用放线网表示，并标注控制点坐标。

13.1.2 园路工程施工图的绘制方法和要求

（1）路线平面设计图

路线平面设计图主要表示各级园路的平面布置情况。园路线形应流畅、优美、舒展。内容包括园路的线形及与周围的广场和绿地的关系、与地形起伏的协调变化及与建筑设施的位置关系。园路的线形设计直接影响园林的整体设计构思及艺术效果。

为了便于施工，园路平面图采用坐标方格网控制园路的平面形状，其轴线编号应与总平面图相符，以表示它在总平面图中的位置，如图13-1、图13-2所示。另外，也可用园路定位图控制园路的平面位置，如图13-3所示。

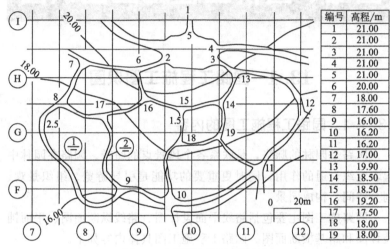

编号	高程/m
1	21.00
2	21.00
3	21.00
4	21.00
5	21.00
6	20.00
7	18.00
8	17.60
9	16.00
10	16.20
11	16.20
12	17.00
13	19.90
14	18.50
15	18.50
16	19.20
17	17.50
18	18.00
19	18.00

图13-1 公园路线平面设计图

（2）铺装详图

① 平面铺装详图 施工设计阶段绘制的平面铺装详图用比例尺量取数值已不够准确，所以，必须标注尺寸数据，如图13-4所示。

平面铺装详图还要表现路面铺装材料的材质和颜色，道路边石的材料和颜色，铺装图案放样等。对于不再进行铺装详图设计的铺装部分，应标明铺装风格、材料规格、铺装方式，并且应对材料进行编号。

② 路基横断面图 路基横断面图是假设用垂直于设计路线的铅垂剖切平面进行剖切所得到的断面图，是计算土石方和路基的

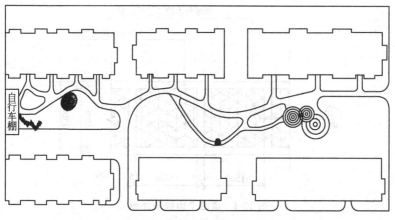

图 13-2　小区园路线形设计

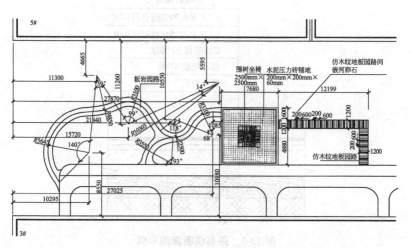

图 13-3　小区园路定位图

依据。

用路基横断面图表达园路的面层结构以及绿化带的布局形式，也可以与局部平面图配合，表示园路的断面形状、尺寸、各层材料、做法和施工要求，如图 13-5 所示。

对于结构不同的路段，应在平面图上以细虚线分界，虚线应垂

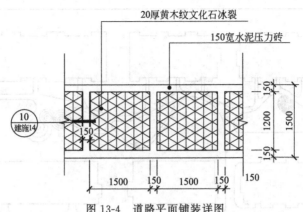

图 13-4　道路平面铺装详图

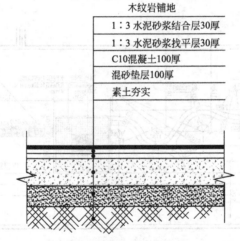

图 13-5　路基横断面图示例

直于园路的纵向轴线，并且在各段标注横断面详图索引符号。

13.1.3　园路的类型与作用

（1）园路的类型

从不同方面考虑，园路有不同的分类方法，但最常见的有功能分类、结构类型分类及铺装材料分类。

1）根据功能划分 一般园路可分三类，即主干道、次干道和游步道。

① 主干道 是园林绿地道路系统的骨干，与园林绿地的主要出入口、各功能分区以及风景点相联系，也是各分区的分界线，形成整个绿地道路的骨架，不但供行人通行，也可在必要时通过车辆。宽度一般为 3～4m。

② 次干道 由主干道分出，直接联系各区及风景点的道路。一般宽度为 2～3m。

③ 游步道 由次干道上分出引导游人深入景点，寻胜探幽，能够伸入并融入绿地及幽景的道路。一般宽度为 1～2.5m，因地、因景、因人流多少而定。

2）根据结构类型划分

从结构上，一般园路可分为以下三种基本类型。

① 路堑型 凡是园路的路面低于周围绿地，道牙高于路面，起到阻挡绿地水土作用的一类园路，统称路堑型，如图 13-6 所示。

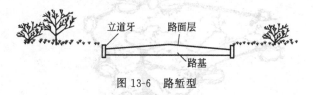

图 13-6　路堑型

② 路堤型 园路路面高于两侧绿地，道牙高于路面，道牙外有路肩，路肩外有明沟和绿地加以过渡，如图 13-7 所示。

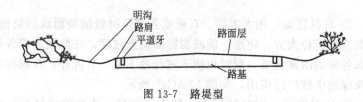

图 13-7　路堤型

③ 特殊型 有别于前两种类型，同时结构形式较多的一类统称为特殊型，包括步石、汀步、磴道、攀梯等，此类道路在现代园

林中应用越来越广，但形态变化很大，应用得好，往往能达到意想不到的造景效果。

3）按铺装面材料不同划分

修筑园路所用的材料非常多，所以形成的园路类型也非常多，但大体上有以下几种类型：

① 整体路面　由水泥混凝土或沥青混凝土整体浇筑而成的路面，这类路面也是在园林建设中应用最多的一类。它具有强度高、结实耐用、整体性好的特点。但不便维修且一般观赏性较差，如图 13-8（a）所示。

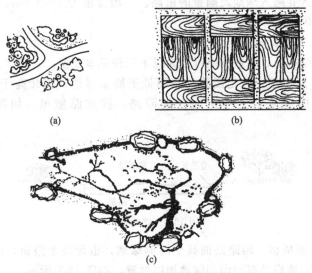

(a)

(b)

(c)

图 13-8　园路示意图

② 块料路面　用大方砖、石板或各种预制板铺装而成的路面，这类路面简朴大方、防滑，能减弱路面反光强度，并能铺装成各种形态各异的图案花纹，同时也便于进行地下施工时拆补，在现在城镇及绿地中被广泛应用，如图 13-8（b）所示。

③ 碎料路面　用各种碎石、瓦片、卵石及其他碎状材料组成的路面，称为碎状路面。这类路面铺路材料廉价，能铺成各种花纹，一般多用在游步道中，如图 13-8（c）所示。

④ 简易路面　由煤屑、三合土等组成的临时性或过渡路面。

（2）园路的作用

① 组织空间、引导游览　在公园中常常利用地形、建筑、植物或道路把全园分隔成各种不同功能的景区，同时又通过道路，把各个景区联系成一个整体。这其中的游览程序不只是"形"的创作，而是由"形"到"神"的一个转化过程。园林不是设计一个个静止的"境界"，而是创作一系列运动中的"境界"。游人所获得的是连续印象所带来的综合效果，是由印象的积累，而在思想情感上所带来的感染力。这正是中国园林的魅力所在。

② 组织交通　园路对游客的集散、疏导，满足园林绿化、建筑维修、养护、管理等工作的运输工作，对安全、防火、职工生活、公共餐厅等园务工作的运输任务。对于小公园，这些任务可综合考虑，对于大型公园，由于园务工作交通量大，有时可以设置专门的路线和入口。

③ 构成园景　园路优美的曲线，丰富多彩的路面铺装，可与周围的山、水、建筑、花草、树木、石景等景物紧密结合，不仅是"因景设路"，而且是"因路得景"。所以园路可行、可游，行游统一。

13.1.4　园路的构造

（1）园路的构造形式

园路一般有街道式和公路式两种构造形式，街道式结构如图 13-9（a）所示，公路式结构如图 13-9（b）所示。

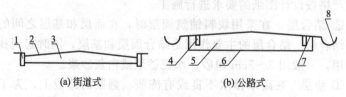

(a)街道式　　　　(b)公路式

图 13-9　园路构造示意

1—立道、立道牙；2—路面；3—路基；4—平道牙；

5—路面；6—路基；7—路肩；8—明沟

(2) 园路的结构组成

园路的路面结构是多种多样的，一般由路面、路基和附属工程三部分组成。

1) 路面　园路路面由面层、基层、结合层和垫层共四层构成，比城市道路简单，其路面层结构图，如图 13-10 所示。

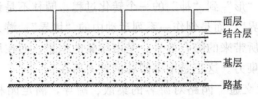

图 13-10　路面层结构图

① 面层　面层是园路路面最上面的一层，其作用是直接承受人流、车辆的压力，以及气候、人为等各种破坏，同时具有装饰、造景等作用。从工程设计上，面层设计要保证坚固、平稳、耐磨耗，具有一定的粗糙度，同时在外观上尽量美观大方，和园林绿地景观融为一体。

② 基层　在土基之上，主要起承重作用，具体地说其作用为两方面：一是支承由面层传下来的荷载；二是把此荷载传给土基。由于基层处于结合层和土基之间，不直接受车辆、人为及气候条件等因素影响，因此对造景本身也就不影响。所以从工程设计上注意两点：其一是对材料要求低，一般用碎（砾）石、灰土或各种工业废渣筑成；其二要根据荷载层及面层的需要达到应有的厚度。此外，需要注意的是基层的厚度在施工图纸中都有详细的标准，施工时应严格按设计图纸的要求进行施工。

③ 结合层　在采用块料铺筑面层时，在面层和基层之间的一层叫结合层。结合层的主要作用是结合面层和基层，同时起到找平的作用，一般用 3～5cm 粗砂、水泥砂浆或白灰砂浆。

④ 垫层　在路基排水不良或有冻胀、翻浆的路段上，为了排水、隔温、防冻的需要，用煤渣土、石灰土等构成。在园林中可以用加强基层的办法，而不另设此层。

各类型路面结构层的最小厚度可查表 13-1。

表 13-1　路面结构层最小厚度

序号	结构层材料		层位	最小厚度/cm	备注
1	水泥混凝土		面层	6	—
2	水泥砂浆表面处理		面层	1	1：2水泥砂浆，用粗砂
3	石片、釉面砖表面铺贴		面层	1.5	水泥砂浆做结合层
4	沥青混凝土	细粒式	面层	3	双层式结构的上层为细粒式时，其最小厚度为2cm
		中粒式	面层	3.5	
		粗粒式	面层	5	
5	沥青（渣油）表面处理		面层	1.5	
6	石板、预制混凝土板		面层	6	预制板加 $\phi6\sim\phi8$ 的钢筋
7	整齐石块、预制砌块		面层	10～12	—
8	半整齐、不整齐石块		面层	10～12	包括拳石、圆石
9	砖铺地		面层	6	用1：2.5水泥砂浆或4：6石灰砂浆做结合层
10	砖石铺嵌拼花		面层	5	
11	泥结碎（砾）石		基层	6	
12	级配砾（碎）石		基层	5	
13	石灰土		基层或垫层	8 或 15	老路上为8cm，新路上为15cm
14	二渣土、三渣土		基层或垫层	8 或 15	
15	手摆大块石		基层	12～15	
16	砂、砂砾或煤渣		垫层	15	仅做平整用，不限厚度

2）路基　路基是处于路面基层以下的基础，其主要作用是为路面提供一个平整的基面，承受路面传下来的荷载，保证路面强度和稳定性，以及路面的使用寿命。

经验认为，如无特殊要求，一般黏土或砂性土开挖后用蛙式夯实机夯3遍，就可直接作为路基。

对于未压实的下层填土，经过雨季被水浸润后能使其自身沉陷稳定，其容重为 $180g/cm^3$，可以用于路基。

在严寒地区，严重的过湿冻胀土或湿软呈橡皮状土，宜采用1:9或2:8的灰土加固路基，其厚度一般为15cm。

3）附属工程

① 道牙　道牙是安置在园路两侧的园路附属工程。其作用主要是保护路面、便于排水、使路面与路肩在高程上起衔接作用等。

道牙一般分为立道牙和平道牙两种形式，立道牙是指道牙高于路面，如图 13-11（a）所示；平道牙是指道牙表面和路面平齐，如图 13-11（b）所示。

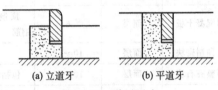

(a) 立道牙　　　　(b) 平道牙

图 13-11　道牙形式

② 明沟和雨水井　明沟和雨水井是收集路面雨水而建的构筑物，在园林中常用砖块砌成。明沟一般多用于平道道牙的路两侧，而雨水井则主要用于立道牙的路面道牙内侧，如图 13-12 所示。

明沟　　　　　　雨水井和排水管道相连
(a)　　　　　　　　　(b)

图 13-12　明沟和雨水井与道牙的关系

③ 台阶　当路面坡度大于 12°时，为了便于行走，且不需要通行车辆的路段，就应设计台阶。

④ 礓礤　在坡度较大的地段上，一般纵坡超过 15%时，本应设台阶，但为了能通行车辆，将斜面做成锯齿形坡道，称为礓礤。其形式和尺寸，如图 13-13 所示。

⑤ 磴道　在地形陡峭的地段，可结合地形或利用露岩设置磴道。当其纵坡大于 60%时，应做防滑处理，并设扶手栏杆等。

⑥ 种植池　在路边或广场上栽种植物，一般应留种植池，种

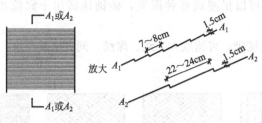

图 13-13 礓磋做法

植池的大小应由所栽植物的要求而定，在栽种高大乔木的种植池上应设保护栅。

13.1.5 园路铺装类型

（1）整体路面

① 水泥混凝土路面　水泥混凝土路面是指用水泥、粗细骨料（碎石、卵石、砂等）、水按一定的配合比拌匀后现场浇筑而成的路面。这种路面整体性好，耐压强度高，养护简单，便于清扫，在园林中多用于主干道。初凝之前，还可以在表面进行纹样加工；为增加色彩变化，可以添加不溶于水的无机矿物颜料。

② 沥青混凝土路面　沥青混凝土路面是指用热沥青、碎石和砂的拌和物现场铺筑而成的路面。用 60～100mm 厚泥结碎石做基层，以 30～50mm 厚沥青混凝土做面层。沥青混凝土根据其骨料粒径大小，分细粒式、中粒式和粗粒式三种。这种路面颜色深，反光小，易与深色的植被协调，但耐压强度和使用寿命均低于水泥混凝土路面，且夏季沥青有软化现象。在园林中，沥青混凝土路面多用于主干道。

（2）块料路面

用规则或不规则的石材、砖、预制混凝土块做路面面层材料，一般结合层要用水泥砂浆，起路面找平和结合作用，其适用于园林中的游步道、次路等。

① 砖铺地　我国机制标准砖的大小为 240mm×115mm×53mm，有青砖和红砖之分。园林铺地多用青砖，风格朴素淡雅，

施工简便，可以拼凑成各种图案，砖铺地适用于庭院和古建筑物附近。

a. 用砖铺砌，可铺成人字纹、席纹、间方纹及斗纹，如图 13-14 所示。

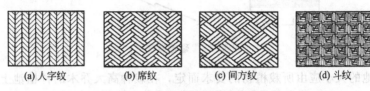

(a) 人字纹　　　(b) 席纹　　　(c) 间方纹　　　(d) 斗纹

图 13-14　传统砖铺砌道路传统纹样

b. 以砖瓦为图案界线，镶以各色卵石或碎瓷片，其可以拼合成的图案有六方式、攒六方式、八方间六方式、套六方式、长八方式、八方式、海棠式、四方间十字方式，如图 13-15 所示。

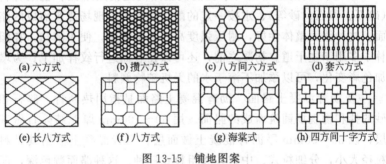

(a) 六方式　(b) 攒六方式　(c) 八方间六方式　(d) 套六方式

(e) 长八方式　(f) 八方式　(g) 海棠式　(h) 四方间十字方式

图 13-15　铺地图案

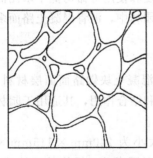

图 13-16　乱石路

② 乱石路　乱石路即用小乱石砌成石榴子形，比较坚实雅致。路的曲折高低，从山上到谷口都宜用这种方法，如图 13-16 所示。

③ 卵石路　卵石路应用在不常走的路上，主要满足游人锻炼身体之用，同时要用大小卵石间隔铺成为宜。砖卵石路面被誉为"石子画"，它是选用精雕的砖、细磨的瓦和经过

严格挑选的各色卵石拼凑成的路面，图案内容丰富，有以寓言为题材的图案，有花、鸟、鱼、虫等。又如绘制成蝙蝠、梅花鹿和仙鹤、虎的图案，以象征福、禄、寿，如图 13-17 所示，成为我国园林艺术的特点之一。花港观鱼公园牡丹园中的梅影坡，即把梅树投影在路面上的位置用黑色的卵石砌制成，此举在现代园林中颇有影响，如图 13-18 所示。

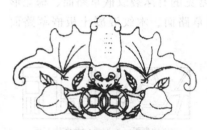

(a) 蝙蝠式图案寓福寿之意

(b) 用仙鹤象征寿

(c) 用此图案象征禄

图 13-17　福、禄、寿图案

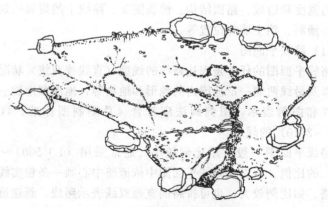

图 13-18　花港观鱼公园梅影坡图

④ 机制石板路　机制石板路，选深紫色、深灰色、灰绿色、酱红色、褐红色等岩石，用机械磨砌成为 15cm×15cm、厚为 10cm 以上的石板，表面平坦而粗糙，铺成各种纹样或色块，既耐磨又美丽。

⑤ 嵌草路面　嵌草路面，把不等边的石板或混凝土板铺成冰裂纹或其他纹样，铺筑时在块料预留 3～5cm 的缝隙，填入培养土，用来种草或其他地被植物。常见的有冰裂纹嵌草路面、梅花形混凝土板嵌草路面、花岗石板嵌草路面、木纹混凝土板嵌草路面等，如图 13-19 所示。

(a) 梅花形混凝土板　(b) 木纹混凝土板　(c) 冰裂板　(d) 花岗石板

图 13-19　各种嵌草路面示例

13.1.6　园路施工图识读

园路施工图主要包括园路路线平面图、路线纵断面图、路基横断面图、铺装详图和园路透视效果图，用来说明园路的游览方向和平面位置、线型状况以及沿线的地形和地物、纵断面标高和坡度、路基的宽度和边坡、路面结构、铺装图案、路线上的附属构筑物如桥梁、涵洞、挡土墙的位置等。

（1）路线平面图

路线平面图的任务是表达路线的线型（直线或曲线）状况和方向，以及沿线两侧一定范围内的地形和地物等，地形和地物一般用等高线和图例表示，图例画法应符合《总图制图标准》（GB/T 50103—2010）的规定。

路线平面图一般所用比例较小，通常采用（1∶500）～（1∶2000）的比例。所以在路线平面图中依道路中心画一条粗实线来表示道路。如比例较大，也可按路面宽画双线表示路线。新建道路用中粗线，原有道路用细实线。路线平面由直线段和曲线段（平曲线）组成，如图 13-20 所示是路线平面图图例画法，其中，a 为转折角（也称偏角，按前进方向右转或左转），R 是曲线半径，E 表示外距（交角点到曲线中心距离），L 是曲线长，EC 为切线，T 为切线长。

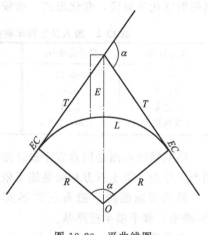

图 13-20　平曲线图

在图纸的适当位置画路线平曲线表，按交角点编号列表，平曲线要素包括交角点里程桩、转折角 a（按前进方向右转或左转）、曲线半径 R、切线长 T、曲线长 L、外距 E（交角点到曲线中心距离）。

此外，需注意的是如路线狭长需要画在几张图纸上时，应分段绘制。路线分段应在整数里程桩断开。断开的两端应画出垂直于路线的接线图（点画线）。接图时应以两图的路线"中心线"为准，并将接图线重合在一起，指北针同向。每张图纸右上角应绘出角标，注明图纸序号和图纸总张数。

（2）路基横断面图

道路的横断面形式依据车行道的条数通常可分为"一块板"（机动与非机动车辆在一条车行道上混合行驶，上行下行不分隔）、"二块板"（机动与非机动车辆混驶，但上下行由道路中央分隔带分开）等几种形式，公园中常见的路多为"一块板"。通常在总体规划阶段会初步定出园路的分级、宽度及断面形式等，但在进行园路技术设计时仍需结合现场情况重新进行深入设计，选择并最终确定适宜的园路宽度和横断面形式。

园路宽度的确定依据其分级而定，应充分考虑所承载的内容（表 13-2），园路的横断形式最常见的为"一块板"形式，在面积较大的公园主路中偶尔也会出现"二块板"的形式。园林中的道路不像城市中的道路那样具有一定的程序化，有时道路的绿化带会被路侧的绿化所取代，变化形式一般较灵活。

表 13-2　游人及各种车辆的最小运动宽度表

交通种类	最小宽度/m	交通种类	最小宽度/m
单人	≥0.75	小轿车	2.00
自行车	0.6	消防车	2.06
三轮车	1.24	卡车	2.50
手扶拖拉机	0.84～1.5	大轿车	2.66

　　路基横断面图是用垂直于设计路线的剖切面进行剖切所得到的图形，作为计算土石方和路基施工依据。

　　路基横断面图一般有三种形式：填方段（称路堤）、挖方段（称路堑）和半填半挖路基。

　　路基横断面图一般用 1∶50，1∶100，1∶200 的比例。通常画在透明方格纸上，便于计算土方量。

　　如图 13-21 所示为路基横断面示意图，沿道路路线一般每隔 20m 画一路基横断面图，沿着桩号从下到上，从左到右布置图形。

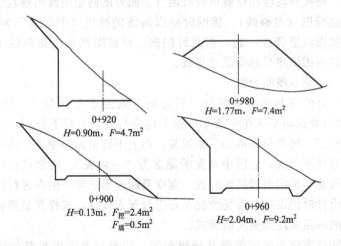

0+980
H=1.77m，F=7.4m^2

0+920
H=0.90m，F=4.7m^2

0+900
H=0.13m，$F_{挖}$=2.4m^2
$F_{填}$=0.5m^2

0+960
H=2.04m，F=9.2m^2

图 13-21　路基横断面图

　　（3）铺装详图

　　铺装详图用于表达园路面层的结构和铺装图案。如图 13-22（a）

所示是一段园路的铺装详图。图中用平面图表示路面装饰性图案，常见的园路面有花街路面（用砖、石板、卵石组成各种图案）、卵石路面、混凝土板路面、嵌草路面、雕刻路面等。雕刻和拼花图案应画平面大样图。路面结构用断面图表达。路面结构一般包括面层、结合层、基层、路基等，如图 13-22（b）中的 1—1 断面图。当路面纵坡坡度超过 12°时，在不通车的游步道上应设台阶，台阶高度一般为 120～170mm，踏步宽 300～380mm，每 8～10 级设一平台阶。如图 13-23 所示为砖铺装详图。

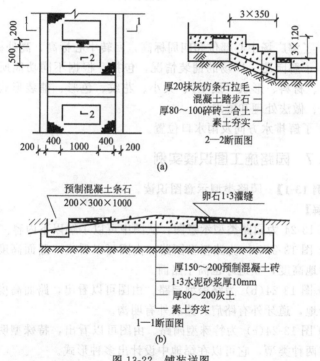

图 13-22　铺装详图

（4）园路工程施工图阅读

阅读园路工程施工图，应注意以下几点。

① 图名、比例。

② 了解道路宽度，广场外轮廓具体尺寸，放线基准点、基准

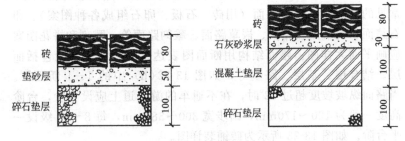

图 13-23 砖铺装详图

线坐标。

③ 了解广场中心部位和四周标高，回转中心标高、高处标高。

④ 了解园路、广场的铺装情况，包括：根据不同功能所确定的结构、材料、形状（线型）、大小、花纹、色彩、铺装形式、相对位置、做法处理和要求。

⑤ 了解排水方向及雨水口位置。

13.1.7 园路施工图识读实例

【例 13-1】 园路类型示意图识读。

【解】

图 13-24 为园路类型示意图，从图中可以了解以下内容。

① 图 13-24（a）为路堑型园路。由图可以看出，路面高度低于周围绿地高度，立道牙也高于路面。

② 图 13-24（b）为路堤型园路。由图可以看出，路面高度高于周围绿地，道牙外有路肩，路肩外有明沟。

③ 图 13-24（c）为特殊型园路。由图可以看出，特殊型明显区别于前两种类型，它可以在绿地中设计出多种形式。

【例 13-2】 园路平面布局示意图识读。

【解】

图 13-25 为园路平面布局的三种形式。图 13-25（a）为两路交叉处设立三角绿地；图 13-25（b）为三条园路交汇，其中心线交于一点；图 13-25（c）为在两条主干道间设置捷径。

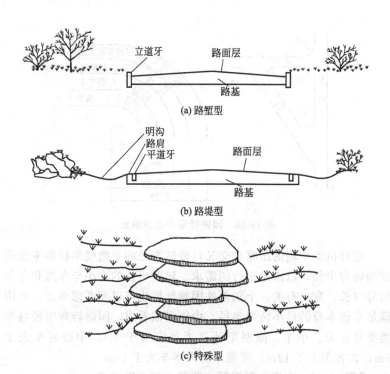

(a) 路堑型

(b) 路堤型

(c) 特殊型

图 13-24　园路类型示意图

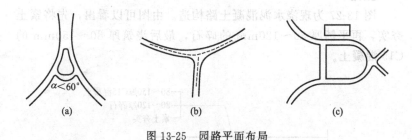

图 13-25　园路平面布局

【例 13-3】　转弯半径示意图识读。

【解】

图 13-26 为园路转弯半径的示意图，从图中可以了解以下内容。

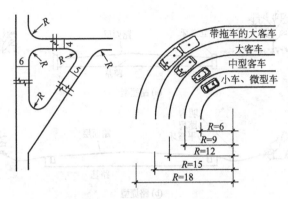

图 13-26　园路转弯半径的确定

　　通行机动车辆的园路在交叉口或转弯处的平曲线半径要考虑适宜的转弯半径，以满足通行的需求。转弯半径的大小与车速和车类型号（长、宽）有关，个别条件困难地段也可以不考虑车速，采用满足车辆本身的最小转弯半径。由图可以看出，园路转弯半径与车类型号有关。小车、微型车转弯半径应大于 6m，中型客车大于 9m，大客车大于 12m，带拖车的大客车大于 15m。

　　【例 13-4】　现浇水泥混凝土路基础施工图识读。

　　【解】

　　图 13-27 为现浇水泥混凝土路构造。由图可以看出，先将素土夯实，再平铺厚 80~120mm 的碎石，最后浇筑厚 80~150mm 的 C15 混凝土。

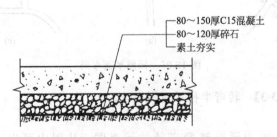

—— 80~150厚C15混凝土
—— 80~120厚碎石
—— 素土夯实

图 13-27　现浇水泥混凝土路

注：基层可用二渣（水泥渣、散石灰），三渣（水泥渣、散石灰、道碴）

【例 13-5】 卵石路基础施工图识读。

【解】

图 13-28 为卵石路构造。由图可以看出，先将素土夯实，再铺一层厚 150～250mm 的碎砖三合土，然后浇筑一层厚 30～50mm 的 M2.5 混合砂浆，最后铺上一层厚 70mm 的混凝土上栽小卵石块。

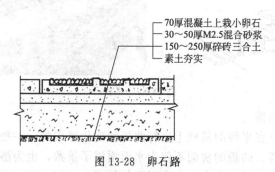

70厚混凝土上栽小卵石
30～50厚M2.5混合砂浆
150～250厚碎砖三合土
素土夯实

图 13-28　卵石路

13.2　园桥工程施工图识图

中国的自然山水园中，地形变化与水路相隔，非常需要桥来联系交通，沟通景区，组织游览路线。园桥的造型及选址要充分考虑其功能和所处环境的特点。

13.2.1　园桥的分类

园桥是园林道路的特殊形式，它不仅有联系交通、组织游览的作用，而且有分割水面空间、构成景点的作用，既有园林道路的特征，又有园林建筑的特征。园桥的种类繁多，形式千变万化。常见的园桥的形式有以下几种。

（1）平桥

平桥是贴临水面的平板桥，它与两岸等高，一般造型小巧可亲，画法也较简单，如图 13-29 所示。平桥有木桥、石桥、钢筋混凝土桥等。桥面平整，结构简单，平面形状为一字形。桥边常不做栏杆或只做矮护栏。桥体的主要结构部分是石梁、钢筋混凝土直梁或木梁，也常见直接用平整石板、钢筋混凝土板做桥面而不用直梁的。

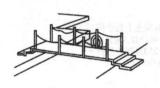

图 13-29　平桥

（2）曲桥

曲桥是在平桥的基础上进行曲折的变化形成的，一般桥面平坦与两岸等高。曲桥的桥面不仅为水面增添了景致，也为游人提供了各种不同角度的观赏点，丰富了园林景观，如图 13-30 所示。曲桥基本情况和一般平桥相同。桥的平面形状不为一字形，而是左右转折的折线形。根据转折数，可有三曲桥、五曲桥、七曲桥、九曲桥等。桥面转折多为 90°直角，但也可采用 120°角，偶尔还可用 150°转角。平曲桥桥面设计为低而平的效果最好。

图 13-30　曲桥

（3）拱桥

拱桥是起伏带孔的桥的形式，中间高，两端低，因而拾级上桥可眺望风景，当拱的跨度较大时，桥下有可行船。拱桥构造复杂，造型多新颖别致，可自成一景，如图 13-31 所示。常见有石拱桥和砖拱桥，也少有钢筋混凝土拱桥。拱桥是园林中造景用桥的主要形式，其材料易得。一般采用砖石或混凝土材料，价格便宜，施工方便；桥体的立面形象比较突出，造型可有很大变化；并且圆形桥孔在水面的投影也十分好看；因此，拱桥在园林中应用极为广泛。

图 13-31　拱桥

（4）亭桥

在桥面较高的平桥或拱桥上，修建亭子，就做成亭桥。亭桥是园林水景中常用的一种景物，它既是供游人观赏的景物点，又是可停留其中向外观景的观赏点，如图 13-32 所示。

（5）廊桥

这种园桥与亭桥相似，也是在平桥或平曲桥上修建

图 13-32　亭桥

风景建筑，只不过其建筑采用的是长廊的形式。廊桥的造景作用和观景作用与亭桥一样，如图 13-33 所示。

（6）吊桥

是以钢索、铁链为主要结构材料（在过去，则有用竹索或麻绳

图 13-33　廊桥

的），将桥面悬吊在水面上的一种园桥形式。这类吊桥吊起桥面的方式又有两种。一种是全用钢索铁链吊起桥面，并作为桥边扶手。

图 13-34　吊桥

另一种是在上部用大直径钢管做成拱形支架，从拱形钢管上等距地垂下钢制缆索，吊起桥面。吊桥主要用在风景区的河面上或山沟上面，如图 13-34 所示。

（7）栈桥和栈道

栈桥与栈道。架长桥为道路，是栈桥（图 13-35）和栈道（图 13-36）的根本特点。严格地讲，这两种园桥并没有本质上的区别，只不过栈桥更多的是独立设置在水面上或地面上，而栈道则更多地依傍于山壁或岸壁。

图 13-35　栈桥

图 13-36　栈道

（8）浮桥

将桥面架在整齐排列的浮筒（或舟船）上，可构成浮桥。浮桥适用于水位常有涨落而又不便人为控制的水体中，如图 13-37 所示。

（9）汀步

汀步是指在水中设立石墩，游人可步石凌水而过的

图 13-37　浮桥

一种园桥的形式。由于汀步更加贴临水面，因而具有亲切自然的情趣，多使用于浅而窄的水面中（图 13-38）。汀步是一种没有桥面，只有桥墩的特殊的桥，或者也可说是一种特殊的路。是采用线状排列的步石、混凝土墩、砖墩或预制的汀步构件布置在浅水区、沼泽区、沙滩上或草坪上，形成的能够行走的通道。

图 13-38　汀步

中国的自然山水园中，地形变化与水路相隔，非常需要桥来联系交通，沟通景区，组织游览路线。园桥的造型及选址要充分考虑其功能和所处环境的特点。

13.2.2　园桥的建造原则与作用

（1）园桥的建造原则

在小水面上修建简易桥，不要超过 75cm 宽，由跨越在两岩的厚石板和桥墩组成，两边的地面要坚实、水平。桥墩可以突出，也可以沉入水面。

图 13-39　木制小桥（栈桥）

木制的小桥或栈桥尽管在视觉上力求美观，但首先要考虑其实用性。图 13-39 中木制的小桥或栈桥为游客们从另一个角度来观赏水景提供了机会。

任何桥梁或堤岸的建造必须要有一个牢固的桥基。这不仅对人们的安全通行是必要的，也保证了桥梁或栈桥的稳定性。如果桥基不够牢固，即使一座普通的小桥，受其自身重量的影响也会下陷。混凝土浇筑的桥基看起来更能经历风吹日晒。其理想的做法是：桥身用螺栓固定在埋于地下大约 60cm 的混凝土地基座上。混凝土地基座应在合适的地方浇筑好，在其还没干透时就把螺栓固定其上。

栈桥事实上是延展的小桥，帮助游客穿过比较大型开阔的水域。栈桥也可以是低矮而又交错间隔、十字形花样排列的木板铺设，引领游客驻足其上，欣赏一小型水景。小桥的支柱通常固定在两岸上，栈桥多用水中的支柱来支撑。

修建栈桥支柱最简单的方法是直接把短短的一节一节的金属套筒与混凝土基座凝固在一起，或是用螺栓把金属支柱套固定到煤渣砌块上。安装时，把木支柱腿固定在金属套筒内，上面钉上用以支撑栈桥表面木板的横梁。如果在衬砌水池中修建这样的支柱，支柱下面一定要铺上一层厚厚的绒头织物衬垫以免损坏衬垫。

在修建木桥或栈桥时，一定要考虑厚木板的排列方式。一般情况下，如果木板从河岸一端向另一端纵长排列，可能会迅速穿过小桥；如果木板是纵横交错、间隔排列的，人很有可能在小桥上留恋徘徊，驻足观赏水面那悠然风光。

（2）园桥的作用

只要园林中有小河、溪流或其他水面，人们就自然而然有一种渴望：架一座小桥横跨其上，换一个角度来欣赏这迷人的湖光山色。

站在图 13-40 所示的桥上，自上而下欣赏脚下的水景，给人一种飘飘欲仙的感觉。图 13-40 所示拱桥可以提供一条穿过小河或溪流的通道，但要穿过一片开阔的水域或沼泽湿地，则需要架起栈桥。这些小桥非常简洁，而正是这种简洁明快赋予它们独特的魅力。一块线条粗犷的石板，或一大块厚而结实的木板，横跨小河或溪流之上，就成为一座简易稳固的桥梁，可以通往令人心驰神往的彼岸。

图 13-40　拱桥

图 13-41　原木桥

　　另外，桥本身就是园林中的一道风景，为庭园平添不少情趣。桥可以联系交通，沟通景区，组织游览路线，更以其造型优美形式多样成为园林中重要的造景小品之一。大型水景庭园多用土桥、曲桥和多架桥；小型庭园则用石桥、平桥和单架桥为多。石梁可表现深山谷涧，木桥可表现荒村野渡，石桥则表现田园景象。小庭园中的桥构成较简单，多为一石飞架南北，也有两块石板并列的，其两端各左右两个守桥石。

　　在规划设计桥时，桥应与园林道路系统配合、方便交通；联系游览路线与观景点；注意水面的划分与水路通行与通航；组织景区分隔与联系的关系。图 13-41 所示为一座相当简易的而且有野趣的桥，完全由自然的原材料建成，令人不禁想去探险。

13.2.3　桥的结构与构造

　　园林工程中常见的拱桥有钢筋混凝土拱桥、石拱桥、双曲拱桥、单孔平桥等，下面主要介绍石拱桥与单孔平桥。

　　（1）石拱桥

　　石拱桥可修筑成单孔或多孔的，如图 13-42 所示为小石拱桥构造示意图。

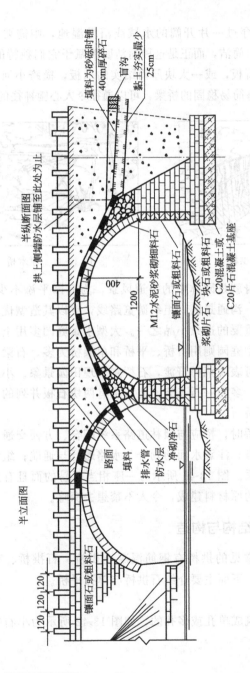

图13-42 小石拱桥构造示意

单孔拱桥主要由拱圈、拱上构造和两个桥台组成。拱圈是拱桥主要的承重结构。拱圈的跨中截面称为拱顶，拱圈与桥台（墩）连接处称为拱脚或起拱面。拱圈各幅向截面的形心连线称为拱轴线。当跨径小于 20m 时，采用圆弧线，为林区石拱桥所多见；当跨径大于或等于 20m 时，则采用悬链线形。拱圈的上曲面称为拱背，下曲面称为拱腹。起拱面与拱腹的交线称为起拱线。在同一拱圈中，两起拱线间的水平距离称为拱圈的净跨径（L_0），拱顶下缘至两起拱线连线的垂直距离称为拱圈的净矢高（f_0），矢高与跨径之比（f_0/L_0）称为矢跨比（又称拱矢度），是影响拱圈形状的重要参数。

拱圈以上的构造部分叫做拱上构造，由侧墙、护拱、拱腔填料、排水设施、桥面、檐石、人行道、栏杆、伸缩缝等结构组成。

（2）单孔平桥

如图 13-43 所示为单孔平桥构造示意图。

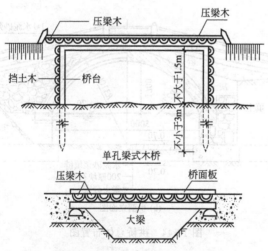

图 13-43 单孔平桥构造示意图

13.2.4 园桥施工图识读

（1）总体布置图

如图 13-44 所示是一座单孔实腹式钢筋混凝土和块石结构的拱

桥总体布置图。

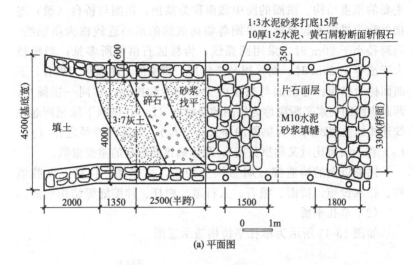

(a) 平面图

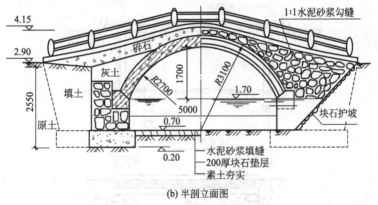

(b) 半剖立面图

图 13-44　拱桥总体布置图

① 平面图　平面图一半表达外形，一半采用分层局部剖面表达桥面各层构造。平面图还表达了栏杆的布置和檐石的表面装修要求。

② 立面图　立面图采用半剖，主要表达拱桥的外形、内部构造、材料要求和主要尺寸。

（2）构件详图与说明

在拱桥工程图中，栏杆望柱、抱鼓石、桥心石等都应画大样图表达它们的样式。

用文字注写桥位所在河床的工程地质情况，也可绘制地质断面图，还应注写设计标高、矢跨比、限载吨位以及各部分的用料要求和施工要求等。

13.2.5　园桥施工图识读实例

【例 13-6】　拱桥构件详图识读。

【解】

图 13-45 为拱桥构件详图，从图中可以了解以下内容。

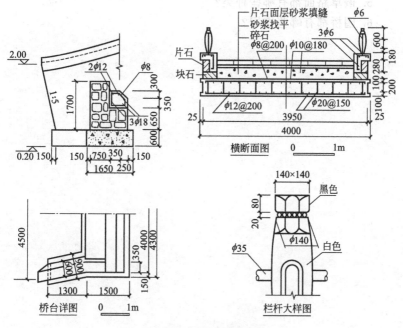

图 13-45　拱桥构件详图

① 桥台详图表达桥台各部分的详细构造和尺寸、台帽配筋情况。

② 横断面图表达拱圈和拱上结构的详细构造和尺寸以及拱圈和檐石望柱的配筋情况。

③ 图中有栏杆望柱的大样图。

思 考 题

1. 铺装详图都有哪些种类？
2. 园路根据结构类型都有哪些分类？
3. 园路的附属工程都有哪些？
4. 什么是块料路面？
5. 嵌草路面都有哪些种类？
6. 园桥都有哪些作用？

计算机辅助园林制图

14.1 AutoCAD 辅助园林制图

AutoCAD 是由美国 Autodesk 公司于 20 世纪 80 年代初为在计算机上应用 CAD 技术而开发的绘图程序软件包,经过不断的完善,现已经成为国际上广为流行的绘图工具。

由于 AutoCAD 具有很高的绘图精确性,因此,在园林制图中主要用来绘制平面图、立面图、剖面图等以线条为主的园林施工图。

AutoCAD 2016 是 Auto Desk 公司的最新 CAD 软件版本。在优化界面、新标签页、功能区库、命令预览、帮助窗口、地理位置、实景计算、Exchange 应用程序、计划提要等方面有所改进,新增暗黑色调界面,界面协调深沉有利于工作。底部状态栏整体优化更实用便捷。硬件加速效果相当明显。

AutoCAD 2016 相比之前的版本,有以下新功能。

① 全新革命性的 dim 命令,带菊花的标注命令,这个命令非常古老,以前是个命令组,有许多子命令后来几乎废弃了。2016 重新设计了它,可以理解为智能标注,几乎一个命令搞定日常的标注,非常的实用。

② 可以不改变当前图层前提下,固定某个图层进行标注。(标注时无需切换图层)。

③ 新增个封闭图形的中点捕捉。这个用处不大，同时对线条有要求，必须是连续的封闭图形才可以。

④ 云线功能增强，可以直接绘制矩形和多边形云线。

⑤ 增加个系统变量监视器，这监视器可以监测这些变量的变化，并可以恢复默认状态。

本文以 AutoCAD 2015 为例进行介绍。

14.1.1 AutoCAD 的工作界面

AutoCAD 的操作界面是 AutoCAD 显示、编辑图形的工作界面，第一次启动 AutoCAD 2015 是以默认的"草图与注释"工作空间打开。从 AutoCAD 2015 开始，工作空间只有三个，"AutoCAD 经典"工作空间停止使用。

（1）功能区　功能区由许多按功能进行分类的选项卡组成，每个选项卡又包含了多个面板。功能区包含了设计绘图的绝大多数命令，用户只需要单击面板上的按钮，就可以激活相应的命令。切换功能区选项卡上不同的标签，AutoCAD 将显示相应的面板。

功能区可以水平显示、垂直显示，也可以将功能区设置为浮动选项板。创建或打开图形时，默认情况下，功能区在图形窗口顶部水平显示。

（2）菜单浏览器按钮　"菜单浏览器"按钮▲位于界面左上角。单击该按钮，系统弹出用于管理 AutoCAD 图形文件的命令列表，包括"新建""打开""保存""另存为""输出"及"打印"等命令。

（3）快速访问工具栏快速访问工具栏位于"菜单浏览器"右侧，其中包含最常用的快捷按钮，如图 14-1 所示。

图 14-1　快速访问工具栏

（4）标题栏　AutoCAD绘图窗口最上端是标题栏。在标题栏中，显示了系统当前正在运行的应用程序和用户正在使用的图形文件。用户第一次启动AutoCAD，在AutoCAD绘图窗口的标题栏中，将显示AutoCAD在启动时创建并打开的图形文件名称"Drawing1. dwg"。

标题栏右边的三个按钮，可以将AutoCAD窗口最小化、最大化（或还原）或关闭。

（5）菜单栏　在AutoCAD绘图窗口标题栏的下方是菜单栏。与其他Windows程序一样，AutoCAD的菜单也是下拉形式的，并在菜单中包含了子菜单。AutoCAD菜单栏中包含了"文件""编辑""视图""插入""格式""工具""绘图""标注""修改""参数""窗口"和"帮助"共12个菜单，几乎包含了AutoCAD的所有绘图命令。

AutoCAD 2015默认菜单栏不显示，习惯使用"菜单栏"的用户，也可以将其调出。单击"快速访问工具栏"右侧下拉按钮 ，从中选择"显示菜单栏"命令，即可调出菜单栏。

（6）标签栏　标签栏由多个文件选项卡组成，可以进行标签式分页切换。单击"文件选项卡"右侧的"＋"按钮能快速新建文件。在"标签栏"空白处单击鼠标右键，系统会弹出快捷菜单，内容包括"新选项卡""新建""打开""全部保存"和"全部关闭"等命令，如图14-2所示。如果选择"全部关闭"命令，就可以关闭当前所有打开图形，而不退出AutoCAD 2015软件。

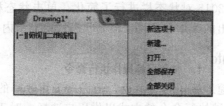

图14-2　标签栏

注：当文件选项卡右侧出现＊字符时，表示当前文件已进行了编辑和修改，并且还未保存。

（7）绘图区　绘图区是功能区下方的大片空白区域，该区域是用户使用 AutoCAD 绘制图形的区域，用户完成一幅设计图形的主要工作都是在绘图区域中完成的。

（8）坐标系图标　在绘图区的左下角，有一个类似直角形状加字母的图标，即为坐标系图标，该图标表示当前绘图正使用的坐标系类型。

（9）布局标签　布局标签位于绘图区的左下角，AutoCAD 2015 默认设定一个模型空间布局标签和"布局1""布局2"两个图纸空间布局标签，系统默认打开的是模型空间布局，用户可以通过单击选择需要的布局标签。

（10）命令行　命令行是输入命令名和显示命令提示的区域，默认的命令行布置在绘图区下方，由若干文本行组成。

（11）状态栏　状态栏位于屏幕的底部，如图 14-3 所示。其左端显示绘图区中光标点的坐标位置，中间依次有显示图形栅格、捕捉模式、正交限制光标、极轴追踪、等轴测草图、对象捕捉追踪、二维对象捕捉、三维捕捉、显示注释比例、当前注释比例、切换工作空间、注释监视器、当前图形单位、快捷特性、硬件加速、隔离对象、全屏显示、自定义等控制按钮。单击这些按钮，可以实现这些功能的打开或关闭。

图 14-3　状态栏

AutocAD 2015 对状态栏进行了简化，单击状态栏右侧的自定义按钮，在弹出的菜单中，可以控制状态栏的显示内容。

14.1.2　AutoCAD 执行命令的方式

准确和快速地调用相关命令，是提高工作效率的保证。AutoCAD 提供了多种执行命令的方式以供用户选择，对于初学者而言，可以使用菜单栏和功能区按钮方式执行，如果想快速地操作 AutoCAD，则必须熟练掌握命令行输入方式。

（1）使用鼠标操作执行命令　使用鼠标操作时，可以在菜单栏或选项卡面板进行命令的调用，也可以使用鼠标确定或重复调用命令。

菜单栏调用命令方式是通过选择菜单栏中的下拉菜单命令，或者快捷菜单中的相应命令，来调用所需命令。例如在绘制矩形时，可以选择"绘图"|"矩形"菜单命令。

选项卡面板调用命令方式是指在功能区面板中，单击所需命令相应按钮，再按照命令提示行中的提示进行操作，与菜单栏和工具栏调用命令方式完全相同。

在需要确认命令时，单击鼠标右键，在弹出的快捷菜单中选择"确认"命令即可。

如果需要重复调用命令，可在绘图区域单击鼠标右键，选择"重复＊＊"项即可。如果要重复执行以前的命令，可移动鼠标至"最近的输入"项，在级联列表中单击所需的命令。有近期执行的若干命令，并按时间的先后顺序排列。如果要重复 O（偏移）命令，单击 Offset 即可。

提示：按一次回车键或空格键，AutoCAD 能快速调用上一条操作命令。

（2）使用键盘输入命令　键盘输入命令就是在命令提示行中输入所需的命令，再根据提示完成对图形的操作。这是最常使用的一种绘图方法。

例如绘制正五边形，可以在命令行输入 POL，按 Enter 键确认，再根据命令行提示进行操作即可。

在命令行的提示"输入选项［内接于圆（I）/外切于圆（C）］〈I〉"中，以"/"分割开的内容，表示在此命令下的各个选项。如果需要选择，可以输入某项括号中的字母，如"C"，再按 Enter 键确认。所输入的字母不分大小写。

执行命令时，如〈5〉、〈I〉等提示尖括号中的为默认值，表示上次绘制图形使用的值。可以直接按 Enter 键采用默认值，也可以输入需要的新数值再次按 Enter 键确认。

（3）撤销操作　在完成了某一项操作以后，如果希望将该操作取消，就可以使用撤销命令。在命令行输入 UNDO，或者其简写形式 U 后回车，可以撤销刚刚执行的操作。另外，单击"快速访问"工具栏的"放弃"工具按钮 ⟵ ▾，也可以启动 UNDO 命令。如果单击该工具按钮右侧下拉箭头 ▾，还可以选择撤销的步骤。

（4）终止命令执行　　撤销操作是在命令结束之后进行的操作，如果在命令执行过程当中需要终止该命令的执行，按 Esc 键即可。

14.1.3 制图实例

（1）绘制围墙　　围墙（图 14-4）直接使用 MLINE 多线命令进行绘制，在绘制之前，首先新建相应的多线样式。

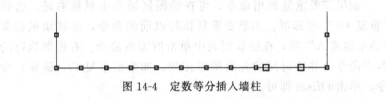

图 14-4　定数等分插入墙柱

① 在命令行中输入 MLSTYLE 命令，在出现的"多线样式"对话框中单击"新建"按钮，打开"创建新的多线样式"对话框，输入样式名为 120。

② 单击"继续"按钮，打开对话框，在"图元"选项组中，修改偏移量，分别是 60、－60，单击"确定"按钮。将创建的样式置为当前样式。

③ 在命令行中输入 ML 命令，根据命令行提示输入"J"，再输入"Z"，设置多线的对正为"无"。输入"ST"，再输入 120，设置多线样式为 120。单击轴线各端点，绘制多线，结果如图 14-5 所示。

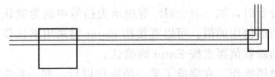

图 14-5　绘制的围墙局部效果

④ 隐藏"轴线"图层。在"默认"选项卡中，单击"图层"

面板中的"图层控制"下拉列表,单击"轴线"图层前的小灯泡,使其变暗,关闭"轴线"图层。

⑤ 修剪墙柱内的墙线。在"默认"选项卡中,单击"修改"面板中的"修剪"按钮选择墙柱矩形为修剪边界,选择墙柱内的线段为修剪对象,按下空格键确定,结果如图14-6所示。

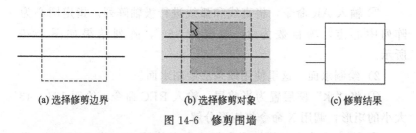

| (a)选择修剪边界 | (b)选择修剪对象 | (c)修剪结果 |

图14-6 修剪围墙

⑥ 使用同样的方法修剪其他墙柱内的墙线。

(2)绘制水面景观 景观水池中间位置设计了喷水雕塑,以增加观赏性和景观层次。

1)绘制喷泉雕塑 在平面图中,喷水雕塑只需绘制出其轮廓即可。

① 新建"园林建筑"图层,设置颜色为32,并将其置为当前图层。

② 输入 C 命令,按住 shift 键右键单击,选择"自",单击图14-7箭头所示端点,输入(@1131,1930),确定圆心位置,输入圆的半径229,绘制一个圆。

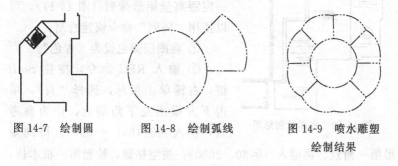

| 图14-7 绘制圆 | 图14-8 绘制弧线 | 图14-9 喷水雕塑 |
| | | 绘制结果 |

③ 输入 L 命令,单击圆的0°象限点为起点,用光标指引 x 轴

水平正方向，输入 221，确定第二点，绘制得到水平直线。

④ 输入 RO 命令，将直线以圆心为基点，旋转复制 45°。在"默认"选项卡中，单击"绘图"面板中的"圆弧"下拉按钮，选择"起点、端点、半径"命令，绘制弧线，选择两直线的外端点为圆弧的起点和端点，半径为 263，如图 14-8 所示。

⑤ 输入 AR 命令，将直线和弧线进行极轴阵列。指定圆心为阵列中心点，项目数为 8，角度为 360°，阵列结果如图 14-9 所示。

2）绘制水面　这里使用线条法绘制水面。

① 将"水"图层置为当前层。输入 REC 命令，绘制 194×43 大小的矩形，调用 X 命令将矩形分解。

② 输入 O 命令，将矩形左侧边向右偏移 82。将 DASHED 设为当前线型，设置比例为 80°输入 L 命令，连接端点绘制直线。最后删除矩形及其偏移线。

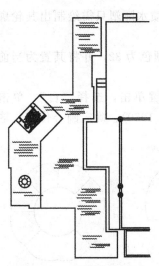

③ 输入 AR 命令，将绘制的短线进行矩形阵列，设置阵列行数为 1，列数为 8，列间距为 193，得到表示水纹波浪的虚线。

④ 将得到的线形在水池内进行复制，结果如图 14-10 所示。

（3）绘制花架顶部木枋　木枋按一定距离呈矩形排列（图 14-11），可以使用"阵列"命令快速绘制。

① 将图层颜色设为"青色"。

② 输入 REC 命令，按住 Shift 键，右键单击鼠标，选择"自"，单击下方横梁左下角端点，作为参考点，输入（@185，-300），得到矩形第一角点，再输入（@80，2580），按空格键，绘制第一根木枋，结果如图 14-12 所示。

图 14-10　水面绘制结果

图 14-11 阵列立柱

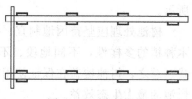

图 14-12 绘制木枋

③ 输入 AR 命令，进行矩形阵列。设置阵列数目行为 1，列为 21，行间距为 0，列间距为 275，阵列结果如图 14-13 所示。

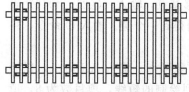

图 14-13 阵列木枋

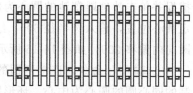

图 14-14 修剪结果

④ 输入 X 命令，阵列的木枋分解，然后输入 TR 命令，修剪多余线条，结果如图 14-14 所示。

（4）绘制树池　树池是种植树木的种植槽。树池处理得当，不仅有助于树木生长，美化环境，还具备很多功能，如图 14-15

图 14-15　树池

14　计算机辅助园林制图

281

所示。

树池处理应坚持因地制宜、生态优先的原则。由于园林绿地树木种植的多样性，不同地段、不同种植方式应采用不同的处理方式。总之，树池覆盖在保证使用功能的前提下，宜软则软，以发挥树池的最大生态效益。

1）绘制圆形树池

① 将"园林建筑"图层置为当前图层。

② 输入 C 命令，按住 Shift 键，右键单击鼠标，选择"自"，捕捉并单击沙地雕塑池的圆心为偏移基点，输入（@25，4046）确定圆心位置，输入圆半径 600，绘制得到一个圆。输入 O 命令，将圆向内偏移 200，如图 14-16 所示。

③ 输入 L 命令，连接两圆的 0°象限点。输入 AR 命令，以绘制的同心圆的圆心为中心，环形阵列绘制的短线，项目数为 8，填充角度为 360，如图 14-17 所示。

④ 输入 CO 命令，用光标指引 Y 轴垂直正方向，输入 2114，复制树池如图 14-18 所示。

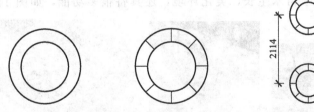

图 14-16　绘制同心圆　　图 14-17　绘制直线　　图 14-18　复制图形

⑤ 重复执行 CO 命令，选中绘制完成的两个树池，用光标指引 Y 轴正方向，输入 3854，如图 14-19 所示。

⑥ 重复执行 CO 命令，选中上面第二个树池，以其圆心为基点，向下进行复制，距离为 2017。输入 SC 命令，将复制的树池以其自身所在圆的圆心为基点，放大 1.5 倍，结果如图 14-20所示。

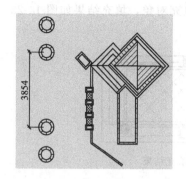

图 14-19 复制图形

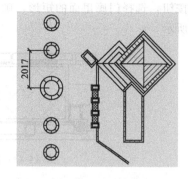

图 14-20 复制树池

2）绘制方形树池

① 输入 REC 命令，按住 shift 键，右键单击鼠标，选择"自"，单击沙地雕塑池的圆心，输入（@6715，-324），确定矩形第一点，输入（@1000，-1000），绘制一个矩形。

② 输入 O 命令，将矩形向内偏移 200。输入 L 命令，连接两矩形 4 个角点，如图 14-21 所示。

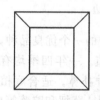

图 14-21 绘制树池

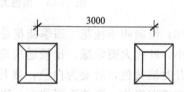

图 14-22 复制树池

③ 输入 CO 命令，选择绘制的方形树池，光标引导 x 轴正方向，输入 3000，如图 14-22 所示。

④ 重复执行 CO 命令，选择绘制的两个方形树池，光标引导 Y 轴正方向，输入 22410。

（5）绘制门廊铺装 门廊的铺装方式为方砖 45°斜拼，这里直接使用"ANSI 37"填充图案表示。

1）输入 H 命令，在弹出的"图案填充创建"选项卡中，选择"ANSI 37"为填充图案，比例设为 100，单击"添加：选择对象"

14 计算机辅助园林制图

按钮，选择门廊里面的矩形，确定填充对象，填充结果如图 14-23 所示。

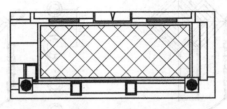

图 14-23　门廊填充结果

2）斜拼方砖外围为 100 宽黑色大理石镶边，如图 14-24 所示，这里使用"AR-SAND"填充图案表示。

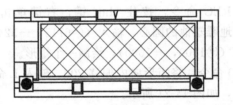

图 14-24　黑色大理石镶边

（6）绘制四季桂花　四季桂花是桂花中的一个优良品种，桂植株矮小，叶片大而常绿，比较适应家庭种植。一年四季均有花开。花初开时淡黄色，后变为白色，盛开时清香扑鼻。适合庭植观赏、孤植高速路绿化，常植于园林内、道路两侧、草坪和院落等地。由于它对二氧化疏、氟化氢等害气体有一定的抗性，也是工矿区绿化的优良花木。它与山、石、亭、台、楼、阁相配，更显端庄高雅、悦目怡情。它同时还是盆栽的上好材料，做成盆景后能观形、视花、闻香，如图 14-25 所示。

① 输入 C 命令，绘制半径为 500 的圆。

② 输入 POL 命令，指定正多边形的边数为 4。输入 E 命令，指定圆的 90° 的象限点为边第一个端点，单击大致如图 14-26 箭头所示的点为边的第二个端点，绘制原则为确保四边形边长约 30。

图 14-25　四季桂花

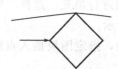

图 14-26　指定边的第二个端点

图 14-27　阵列结果

　　③ 对正多边形进行夹点编辑，使其成为一个不规则的四边形。

　　④ 输入 AR 命令，将多边形进行极轴阵列。以圆心为中心点，旋转角度为 360 度，项目总数为 35，结果如图 14-27 所示。

　　⑤ 删除圆形，分解阵列后图形，将环形阵列后的多边形随意移动、复制和缩放，结果如图 14-28 所示。

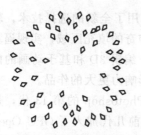

图 14-28　多边形复制缩放结果

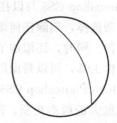

图 14-29　绘制弧线

⑥ 将绘制的四季桂花定义为块，指定插入点为图形中心。

（7）绘制灰利球

① 输入 C 命令，绘制半径为 540 的圆。

② 输入 A 命令，绘制如图 14-29 所示的弧线。

③ 多次重复绘制弧线，得到图形如图 14-30 所示。

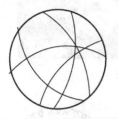

图 14-30　重复绘制弧线

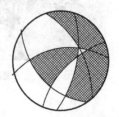

图 14-31　灰利球绘制结果

④ 输入 H 命令，对部分闭合曲线进行填充，选择"NET"填充图案，比例为 5，结果如图 14-31 所示。

⑤ 将图形定义为"灰利球"图块，指定图块插入点定义为图形的中心。

14.2　Photoshop 辅助园林制图

Photoshop 是目前应用非常广泛的二维图像处理软件，其图像处理功能非常强大，在园林制图领域中主要用于平面图渲染和效果图的后期处理工作，如色彩校正、环境的构建以及提高效果图的品质等。

Photoshop CS5 与以往版本相比采用了全新的选择技术，轻松完成复杂选择，删除任何图像元素，神奇的填充区域，实现逼真绘图等操作。同时，还添加了用于创建、编辑 3D 和基于动画的内容的突破性工具，可以帮助用户创建出影响力更大的作品。

Adobe Photoshop CS6 是 Adobe Photoshop 的第 13 代，是一个较为重大的版本更新。Photoshop 在前几代加入了 GPU OpenGL 加速、内容填充等新特性，此代会加强 3D 图像编辑，采用新的暗色调用户界面，其他改进还有整合 Adobe 云服务、改进文件搜索等。

Photoshop CS6 2012 年 03 月 23 日发布了 Photoshop CS6 测试版。2012 年 4 月 24 日发布了 Photoshop CS6 正式版。

由于各版本的 Photoshop 使用方法都大同小异，因此本文以 Photoshop CS5 为例进行介绍。

14.2.1 Photoshop 的工作界面

经过 Abode 公司十多年的不断努力，Photoshop 以实用且强大的功能成为图形图像处理软件的佼佼者，站在了图像处理领域的最前沿。在效果图的后期处理方面，Photoshop 有着其他软件所不能比拟的优势。

单击任务栏中的［开始］/［程序］/［Abode Photoshop CS5］命令或双击桌面中的 Photoshop 快捷方式 也可打开。

Photoshop CS5 工作界面包括菜单栏、工具栏、工具箱、控制面板以及状态栏。

（1）菜单栏

① 菜单分类　Photoshop CS5 的菜单栏共有 11 项，分别为文件、编辑、图像、图层、选择、滤镜、分析、3D、视图、窗口和帮助菜单，如图 14-32 所示。

文件(F)　编辑(E)　图像(I)　图层(L)　选择(S)　滤镜(T)　分析(A)　3D(D)　视图(V)　窗口(W)　帮助(H)

图 14-32　菜单栏

② 打开菜单　单击一个菜单项可打开该菜单，在菜单中，不同功能的命令之间采用分割线隔开。带有黑色三角标记的命令表示包含子菜单。

（2）工具栏

这是 Photoshop CS5 的重要组成部分，在使用任何工具之前，都要在工具选项中对其参数进行设置。Photoshop CS5 工具栏右侧增加了"泊坞"，默认情况下，其中只有 File Browser（文件浏览器）和 Brushes（画笔）两个标签，实际上任何一个面板都可以

"泊"在这里。

（3）工具箱

工具箱中放置了 Photoshop CS5 的全部工具。工具箱如图 14-33所示。

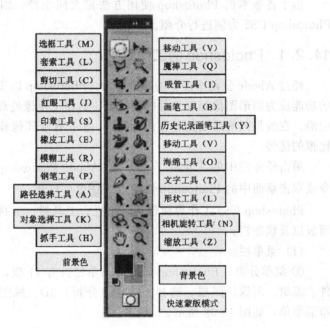

图 14-33　工具箱

工具箱位于工作窗口的最左侧，由一些代表不同用途的工具图标组成。使用某种工具，可以按如下方法选择工具。

● 单击所需的工具或直接按工具的快捷键，可以选择该工具。

● 在含有隐藏工具的按钮上按鼠标左键，稍停，将显示隐藏工具。移动光标到所需的工具上后释放鼠标，就可选择隐藏工具。

● 工具箱有单列和双列两种显示模式，可相互切换，当使用单列模式显示时，可以有效节省屏幕空间，使图像的显示区域更大，以方便用户使用。

（4）控制面板

Photoshop CS5 共有以下 4 组控制面板。

● Navigator/Info（导航/信息/直方图）控制面板组成主要用于控制图像窗口的显示、查看图像中光标位置的颜色与位置信息等。

● Color/Swatches/Styles（颜色/色板/样式）控制面板组主要用于选择颜色、对图像应用样式。

● Layers/Channels/Paths（图层/通道/路径）控制面板组主要用于管理与操作图层、编辑路径、操作通道等。

● History/Action/Tool Presets（历史/动作/工具预置）控制面板组主要用于撤销与恢复操作、创建与使用动作等。

通常情况下，控制面板浮动留出更多的工作空间供设计使用。或点击"窗口"，调出其他控制面板。

（5）状态栏

在 Photoshop CS5 的状态栏上工作共有三部分信息，左侧显示当前图像缩放的百分比；中间部分有一黑色的三角图标，单击它可以显示当前图像的有关信息；右侧为所选工具的操作信息，如图 14-34 所示。

图 14-34 状态栏

14.2.2 Photoshop 的基本文件操作

（1）图像文件操作

1）新建文件 要想新建一个图像文件，可选［文件］/［新建］（快捷键 Ctrl＋N）出现如图 14-35 所示对话框。对话框中可设置新建文件的名称、图像大小、分辨率、背景色等。

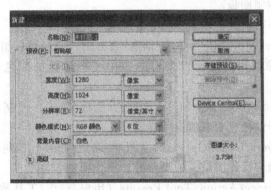

图 14-35 "新建"对话框

2）打开图像文件

① 要想打开一个已有图像文件，可选［文件］/［打开］（快捷键 Ctrl＋O），也可双击窗口中的空白区域），在出现的对话框中，选择要打开的文件名，打开即可。

② 选择［文件］/［打开为］也可打开图像文件，出现如图 14-36 所示对话框。其中文字打开为后的文本框中可选择打开图像要采用的图像格式。

3）存储文件

① 对图像处理完成后需要对所做图像进行保存，选择［文件］/［保存］即可。

② 选择［文件］/［存储为］选项可选择保存图像所采用的格式以利于以后的使用。

③ 最后，还可将图像保存为 Web 格式的文件格式，以便于丰富网页板面内容。用 Photoshop 可以制作出较为出色的 Web 格式的网页图像内容。

（2）图像窗口操作

1）图像缩放　放大或缩小图像时，窗口的标题栏和底部的状态栏中，将显示缩放百分比。在 Photoshop CS5 中，图像的缩放方式有以下几种。

① 使用缩放工具

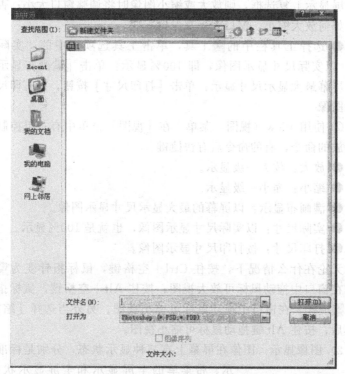

图 14-36 "打开为"对话框

● 选择工具栏中的 🔍 工具,将光标移动到图像上,则光标变为 🔍 形状。每单击一次,图像放大一级,并以单击的位置为中心显示。当放大至最大级别时不能再放大。在工具选项栏中单击 🔍,方法同上直至级别达到最小。

● 选择工具栏中的 🔍 工具,在需放大的图像部分上拖动鼠标,将出现一个虚线框。释放鼠标后,虚线框内的图像将充满窗口。

● 在工具栏中双击 🔍,则图像以 100% 比例显示。

● 双击工具栏中的 🖐 工具,则图像将以屏幕最大显示尺寸显示。当图像尺寸过大或者由于放大窗口的显示比例过大而不能显示全部图像时,可以用 🖐 工具移动图像。

● 选择工具箱中的 🔍,在工具选项栏中选择 [调整窗口大小以满屏显示]复选框，则放大或缩小图像时将调整窗口大小；否则无论如何放大缩小，窗口大小都保持不变。

● 选择工具栏中的![icon]工具，单击工具选项栏中的"实际尺寸"，以实际尺寸显示图像，即100％显示；单击［满画布显示］，则以屏幕最大显示尺寸显示；单击［打印尺寸］按钮，以打印尺寸显示图像。

② 使用 View（视图）菜单　在［视图］菜单中有一组控制图像缩放的命令，有的命令后有快捷键。

● 放大：放大一级显示。

● 缩小：缩小一级显示。

● 满画布显示：以屏幕的最大显示尺寸显示图像。

● 实际尺寸：以实际尺寸显示图像，也就是100％显示。

● 打印尺寸：按打印尺寸显示图像。

无论在什么情况下，按住 Ctrl＋空格键，鼠标指针变为![icon]模样，在窗口中拖动鼠标可放大视图；按住 Alt＋空格键，鼠标指针变为![icon]模样，在窗口中拖动鼠标可缩小视图。另外当选择［缩放］工具后，按住 Alt 键拖动鼠标可缩小视图。

2）图像显示　图像在屏幕上有三种显示状态，分别是标准显示、带菜单的全屏显示和全屏显示状态。单击工具箱下方的状态显示控制按钮可以控制图像的显示状态，如图14-37所示，反复按 F 键，可以在三种显示状态之间进行切换。

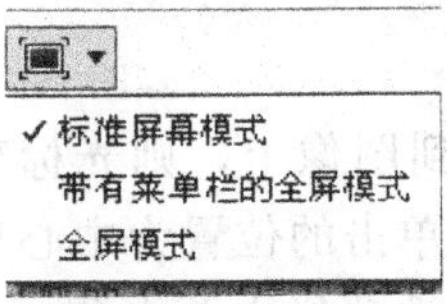

图 14-37　导航面板

同时打开多个图像文件时，可以单击排列文档按钮，在下拉菜单中选择一种排列方式，包括双联、三联、四联、全部网格拼贴等，以便方便地查看多个图像。

3）图像查看　查看图像有如下几种方法。

① 选择工具箱中的![icon]工具，将光标移动到图像上。当光标变为![icon]形状时拖动鼠标，可以查看图像的不同部分。

② 拖动图像窗口上的水平、垂直滚动条可以查看图像的不同部分。

③ 按键盘上的 PageUp 或 PageDown 键可以上下滚动图像窗口查看图像。

4) 使用导航面板　导航面板主要用于控制图像的缩放显示，也可以用于查看图像的不同部分。单击菜单栏中的 ［窗口］/［导航］（F8）命令，可以打开导航面板。通过单击或拖动相关的缩放按钮，可以迅速地缩放图像，或者在图像预览区域移动图像的显示内容。

① 图像缩览图　用于显示整个图像的缩览图。

② 显示框　显示框内的图像为当前图像窗口中显示的部分，将光标指向显示框，当光标变为 形状时按住鼠标左键拖动，可以移动显示框内的位置。同时图像窗口中的图像也随之改变，显示框的大小随着图像缩放比例而发生变化。图像放大，则显示框变小；图像缩小，则显示框变大。

14.2.3　绘制园林建筑平面效果图

园林规划平面效果图的制作，一般是由 AutoCAD 中输出到 Photoshop 中的，然后在 Photoshop 中进行平面效果图的制作。

（1）马路的制作

① 单击工具栏中的 按钮，并按住 shift 键，在图像中将表示马路的区域选中。

② 为了方便以后的修改，我们应该将所选的区域另外设置一个图层，按 Ctrl+J 键，建立一个新的图层 1，在图层控制面板中的图层 1 单击鼠标右键，在弹出的菜单中单击图层属性，在弹出的图层属性对话框中，将图层命名为"马路"，设置完毕后点击确定按钮。

③ 单击工具面板中前景色，在弹出的拾色器对话框中，将颜色设置为（R：147、G：149、B：152），设置完毕后单击 ［确定］按钮。

④ 按 Ctrl 键，在图层控制面板中单击图层"马路"，将马路所在区域选中，然后按 Alt+Delete 键，对所选择的区域进行填充。

⑤ 单击工具栏中的 工具，对马路路面进行颜色减淡处理。

⑥ 单击工具栏中的 ✐ 工具，将步行路建立路径并转化为选区，按 Ctrl＋J 键建立新图层"步行路"。单击工具面板中的前景色，将颜色设置为（R：235、G：201、B：161），设置完毕后单击 [确定] 按钮确认。然后按 Alt＋Delete 键对步行路进行填充。

（2）草地的制作

草地的制作可以分为外围的草地和小区内的草地制作两个部分，由于所表现的重点不一样，所以这两部分的草地是有所区别的。外围草地的颜色应该浅一些，而小区内草地的颜色应该深一些而且应富于变化、活泼一些。在本实例中我们没有考虑外围空间，故我们只进行小区内部草地的制作。

① 单击工具面板上的 ✎ 工具，将小区内的草地区域选中，按 Ctrl＋J 键建立一个新的图层"小区内草地"。单击工具面板中的前景色，将颜色设置为（R：64、G：134、B：18），设置完毕后单击 [确定] 按钮确认。

② 单击工具面板中的 ■ 工具，在所选中的区域中由上至下拖动鼠标实施颜色渐变，实施渐变后单击菜单中的 [滤镜]/[杂色]/[添加杂色] 命令，在弹出的添加杂色对话框中将数量设置为11％，设置完毕后单击 [确定] 按钮确定。

（3）水体的制作

① 单击工具面板中的 ✎ 工具，在背景图层中将水体的区域选中，并且按 Ctrl＋J 键建立新的图层"水体"。

② 单击工具面板中的前景色，将颜色设置为（R：43、G：126、B：155），设置完毕后单击 [确定] 按钮确认。单击工具面板中的背景色，将其颜色设置为（R：106、G：196、B：233），设置完毕后单击 [确定] 按钮确认。然后单击工具面板中的 ■ 工具，在所选中的区域中由左上角至右下角拖动鼠标实施颜色渐变。

③ 接下来，我们为水体增加自然水纹的效果。按 Ctrl＋O 键打开配套光盘中的 "wa004.jpg" 的图像文件，按 Ctrl＋A 键将整个图像选中，然后单击菜单栏中的 [编辑]/[定义图案] 命令，将所选的图像定义为填充图案。

④ 在图层控制面板中单击▣按钮新建图层"纹理"。然后单击菜单栏中的 [编辑]/[填充] 命令，在弹出的填充对话框中选择刚才定义的图案，对水体区域进行填充。

⑤ 此时湖面的纹理颜色太深，将渐变的颜色效果掩盖了，因此应该对其透明度作调整，在图层控制面板中，将图层的不透明度调整为 50％。

⑥ 下面开始制作水体岸边在湖面上所产生的阴影。单击菜单栏中的 [选择]/[修改]/[边界] 命令，在弹出的对话框中将边界选区的宽度值设为 3 像素，设置完毕后单击 [确定] 按钮确认。

⑦ 执行扩边命令后的选择区域。按住 Alt 键，单击工具面板中的▣工具，将选择的区域进行边处理。

⑧ 按 Ctrl＋J 键新建一个图层，并且单击菜单栏中的 [滤镜]/[Eye Candy3.1/Drop Shadows] 命令，在弹出的对话框中设置 [Distance] 值为 23，[Blur] 值为 4，[Opacity] 值为 100。执行 [Drop shadow] 滤镜处理后的水体最终。

（4）建筑楼体模块的制作

① 选择工具栏中的▣工具，将图像中的楼体建筑部分选中。然后选择菜单栏中的 [选择]/[修改]/[收缩] 命令，在弹出的对话框中将收缩值设为 5，单击确定按钮。然后选择菜单栏中的 [编辑]/[描边] 命令，将描边值设为 3，单击 [确定] 按钮。

② 选择工具栏中的▣工具，将图像中的楼体建筑部分选中。然后单击工具栏中的前景色，打开 [前景色拾色器] 对话框，将其颜色值设置为（R：229、G：183、B：42），设置完毕后单击 [确定] 按钮。

③ 按住键盘上的 Alt＋Delete 键用前景色填充所选择的区域，楼体模块制作完成。

（5）建筑投影的制作

在投影的绘制过程中，一定要将投影所在的区域单独建立图层，以方便以后的修改，而且还要注意所建立的图层的位置，应该在草地和马路等图层的上面，这样才能达到阴影的效果。

阴影的投射方向和角度要与整幅图协调起来，根据太阳光的照射方向来设置投影方向和角度及投影长短。

(6) 中心广场及铺装的制作

广场的制作方法用得最多的是置入法（即将一幅图像中的选择区域用鼠标拖动至另一图像中的方法）和填充法（即将一幅图像定义为填充图案，然后另一幅图像中要填充的选择区域内填充的方法）。下面我们就按一定的顺序在不同的区域内进行广场铺地的制作。

图 14-38　圆形广场图案

① 按 Ctrl＋O 键打开配套光盘中的"GR007.jpg"的图像文件，如图 14-38 所示。用鼠标将图像拖入平面效果图中，并且按 Ctrl＋T 键，调整其大小和位置。

② 用同样的方法，将左侧的小花坛广场铺装用配套光盘中的"GR132.jpg"图案填充。

③ 用前面介绍的图案方法将滨水跑道及广场其他铺装进行图案填充。

(7) 公建、小品设施的制作

公建及小品的制作方法与建筑的制作方法相似，主要包括花架的绘制、凉亭的绘制等，绘制时应注意屋顶明暗面的处理，还要注意各个部分的投影。

公建及小品的制作过程中我们要特别注意其用色不宜太重，因为它们是作为衬托主体建筑和环境景观设计而出现的。在颜色的处理上，应该以灰色调为主。

(8) 其他附属设施的制作

本实例主要是园桥、游步道及沙地等的制作，依旧用填充置入的方法进行制作。

(9) 树木、灌木及花卉模块的制作及置入

① 树木和灌木的制作，首先我们为平面效果图添加树木，按键盘上的 Ctrl＋O 键打开制作确定的树木图像文件。

② 运用置入法将图像中树木的部分添加到平面效果图中去，

按 Ctrl＋T 键调整树木的大小，确定后调整树木在平面图中的位置，然后利用复制的方法（选择移动工具，然后按住 Alt 键同时拖动图例到想要添加的地方，松开鼠标即可）。

将树木添加到各个绿化的区域，添加时要注意树木的位置的自然协调性、均衡性。将所有的树木都放置在同一个图层中，（Ctrl＋E）向下合并层快捷方式，最确定将同一类树木放置一层，以便于以后的修改工作。再单击菜单栏中［图层］/［图层样式］/［投影］命令（也可以右击所在层，在弹出的下拉菜单中选择［图层样式］），在弹出的图层样式对话框中，将角度调整为－49°，其余各项取默认值，设置完毕后单击［确定］按钮确认。

③ 灌木的置入方法与乔木完全相同，注意保持合理的种植方式及阴影要与前面制作的乔木阴影角度相同。

④ 草本花卉等的置入（方法与上相同），不再重复。

最后，植物配置制作完成后的效果如图 14-39 所示。

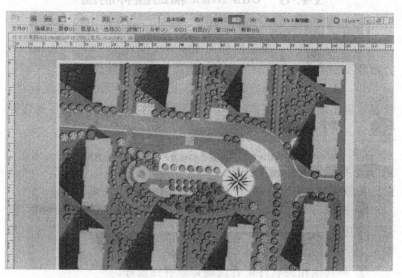

图 14-39　植物配置完成后的效果

树木、灌木及草本等植物的放置位置相当重要，如果只是机械式地摆放，其结果会导致整个平面效果图的呆板，要力求自然，这就要求我们平时多观察、多练习，使我们的作品更加贴近现实生活。

（10）马路分隔双行线的制作及汽车的置入

① 一般分隔双行线在 CAD 中制作完成直接调入 Photoshop 中即可，在这里我们将在 Photoshop 中介绍其方法。其实就是用 ⬚ 钢笔工具绘制一封闭路径，然后在 ［路径］ 面板中点击 ⬚ 按钮将路径转化为选区，然后进行颜色填充，最后用橡皮擦工具进行擦除为一段一段的分隔双行线样式即可。

② 汽车的置入跟树木的置入类似，这里就不再重复。

（11）细部的调节

对以上绘制完毕后的平面效果图进行细部的修改。至此，该项目的平面效果图就算大功告成。

14.3　3ds Max 辅助园林制图

3D Studio Max，通常简称为 3ds Max 或者 MAX，是 Autodesk 公司开发的基于 PC 系统的三维动画渲染和建模软件。

3ds Max 被广泛地应用于广告、影视、工业设计、建筑设计、景观效果图制作、多媒体制作、游戏、辅助教学以及工程可视化等领域。

3ds Max 具有的一般特点如下：

① 功能强大，扩展性好。建模功能强大，尤其在角色动画方面具备很强的优势，另外丰富的插件也是其一大亮点。

② 操作简单，容易上手。目前 3D 制作软件可谓琳琅满目，但是依其功能的完善与强大而言，3ds Max 可谓是众多 3D 软件中最容易上手操作的软件之一。

③ 和其他相关软件配合流畅，兼容性较好。

④ 制作的 3D 效果非常逼真。

Autodesk 3ds max 2015 于近日正式上线，目前推出的是 64 位多国语言版，内置中文、日文、英文等多种语言，能够为用户提供一套全面的 3D 建模、动画、渲染以及合成解决方案，适用于游戏、电影和运动图形的设计人员。

3ds Max 2015 64 位中文版能够为用户提供强大且即购即用的专业级 3D 动画创建功能，具有用于 3D 建模、动画、模拟和渲染的创意工具集，可帮助游戏、电影和运动图形设计人员在更短的时间内创建更佳的 3D 内容。新版本加强了菜单选项，加强了抗锯齿功能，中文字体更加清晰。

本文以 3ds Max 2011 为例进行介绍。

14.3.1　3ds Max 的工作界面

打开 3ds Max 2011 系统，就可进入它的操作界面。

① 主菜单按钮　即左上角的大图标，也就是以往的"文件"菜单，它可以更直接更快速地执行指令。将鼠标移至按钮上等待一下，会出现操作提示。

② 快速存取工具栏　可以让用户快速执行指令，亦可以自行增加按钮。快速存取工具栏包括了新建场景、打开文件、保存文件、撤销场景操作、重做场景操作等功能按钮。

③ 属性栏　为文件属性状态栏，当文件被保存命名后，属性栏即可显示文件的名称。

④ 菜单栏　菜单栏包括了 3ds Max 的基本操作按钮，点击每个按钮都会打开更多的操作内容。

⑤ 主工具栏　包含了 3ds Max 最常用的操作命令按钮。

⑥ 工作视窗　即工作区，所有的建模任务都是在工作视图中绘制完成的。工作视图包括了顶视图、前视图、左视图和透视图四个部分，每个部分都可以根据使用者的需要改变视图角度。要放大某个视图窗口，可在选中该视图窗口后，操作快捷键"Alt"＋"W"来完成放大操作。

⑦ 命令面板　用于模型的创建和编辑修改，共由 6 个基本命令面板组成，每个面板下面为各自的命令内容，有些命令仍有分支。点取面板每一项，会在下面出现各自的次级命令选项，点取次级命令会在其下出现相应的控制命令，命令按种类不同划分为各个

项目面板。在项目面板顶部为自身的项目名称，左边有"＋、－"号，控制其下的内容是否显示。

⑧ 状态行　显示当前所选择物体的数目，🔒表示用于选择物体锁定。右侧提供鼠标和坐标的位置及当前网格使用的距离单位。

⑨ 提示栏　显示当前使用工具的提示文字，右侧按钮可设多种模式。

⑩ 动画播放板　控制动画的播放，如图14-40所示。

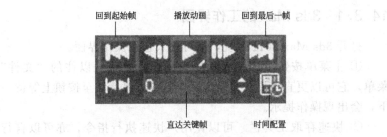

图14-40　动画播放板

⑪ 窗口控制板　窗口控制板中包括了以下基本操作按钮。

📷（Zoom）缩放：可以拉近或放缩视景。

🔲（Zoom All）全部放缩：同时将所有视图近拉或远推，不会影响到当前所有可视的视图。

🔲（Zoom Extents）最大化显示：当前视图以最大化的方式显示。

🔲（Zoom Extents All）所有视图最大化显示：所有的视图均以最大化方式显示。

🔍（Region Zoom）域区放缩：在视图中只显示鼠标拖动产生的选择区域中的物体。

✋（pan）摇移：移动视图中的显示，但并不拉近或远推视图。

🔄（Arc Rotate Selected）弧形旋转对象：以选择物体为轴旋转视图。

🔲（Min＞Max Toggle）：视图最大化、最小化切换。

14.3.2 3ds Max 的基本文件操作

（1）主工具栏的基本操作

1）选择的命令按钮 在 3D 建模中，要明确一个顺序关系，即所有的操作要在"选择"命令后进行，即先选择后操作。

① 选择对象 主工具栏第一按钮即最普通的选择按钮，这个按钮只具备单纯的选择功能。配合"Ctrl"或者"Alt"键，可实现增加或者减少选择物体的功能。

② 按名称选择 这个工具提供了依靠名称来进行选取的功能。点击该按钮会出现对话框，可根据场景中物体的名称来进行选择。对于一个复杂的场景来说，还可根据该对话框上排的一行操作按钮来进行快速筛查，以进行物体的选取。

③ 矩形选择区域 可在场景中通过方框来框选需要的物体。将鼠标在该按钮上长按，会出现下拉选框，依次为不同的选择类型圆形选择区域、围栏选择区域、套索选择区域和绘制选择区域。

④ 窗口/交叉 选取窗口模式时，需要将物体全部框选方可选中。反之，选择交叉模式时，只需部分框选中物体即可。这种选择模式一般要与矩形选择区域系列按钮配合使用。

⑤ 选择并移动 点选该按钮后，光标会在要移动的物体上变成十字形。当光标停留在 X 轴上时，物体仅可在 X 轴方向上进行移动，其他轴相同。当光标停留在两个轴交汇的黄色区域时，则可任意方向移动。

⑥ 选择并旋转 点选该按钮后，被选择的物体上会出现圆形的旋转坐标。同"选择并移动"按钮工具，当选择光标停留在某一轴上时，物体即在该轴的方向上进行旋转。当选择光标停留在圆形坐标上时，则以与场景相垂直方向的轴为参考进行旋转。

⑦ 选择并均匀缩放 可对被选择的物体进行均匀的缩放操作。在该按钮上长按后会出现下拉选框，依次出现的是该系列其他按钮：选择并非均匀缩放，选择并挤压。

2）捕捉的命令按钮 捕捉是指使新的实体定位于已有的实体上的功能。

① 二维捕捉　只捕捉激活网格面上满足设置条件的点，Z 轴或垂直轴被忽略，通常用于平面图形捕捉。

② 二点五捕捉　捕捉当前构造面上的点，以及对象在面上的投影点。

③ 三维捕捉　可以捕捉三维空间内所有满足捕捉条件的点。

④ 角度捕捉　用于设定进行旋转时的角度间隔。

⑤ 百分比捕捉　设定缩放或挤压操作时的百分比例间隔。

⑥ 数值输入栏捕捉　设定数值输入栏中数值的变化单位量。

2D、2.5D、3D，当使用 2D、2.5D 捕捉时，只能捕捉到直接位于绘图平面上的节点和边，当空间捕捉移动时，被移动的对象是移动到当前栅格上还是相对于初始位置：按捕捉增量移动，就由捕捉的方式来决定；在百分比捕捉中，将以缺省的 10% 的比例进行变化（关闭时将以缺省 1% 的比例进行变化）。

在以上按钮上点击鼠标右键，会出现栅格和捕捉设置对话框。

● 【栅格点】：捕捉栅格的交点。

● 【轴心】：捕捉物体的轴心点。

● 【垂足】：绘制曲线时，捕捉与上一次垂直的点。

● 【顶点】：捕捉网格物体或可编辑网格物体的顶点。

● 【边/线段】：捕捉物体边界上的点。

● 【面】：捕捉物体表面上的点，背面上的点无法捕捉。

● 【栅格线】：捕捉栅格线上的点。

● 【边界框】：捕捉物体边界框 8 个角。

● 【切点】：捕捉样条曲线上的相切点。

● 【端点】：捕捉样条曲线或物体边界的端点。

● 【中点】：捕捉样条曲线或物体边界的中点。

● 【中心面】：捕捉三角面的中心。

3) 复制的命令按钮

① 基本复制方法

a. 菜单：选择"编辑"/"克隆"：这是最简单的原地（位置重合）复制方法，但是一次只能复制一个。

b. 移动复制：Shift＋✥。

c. 放缩复制：Shift＋。

d. 旋转复制：Shift＋。

在进行后三种复制时，操作完成后会出现"克隆选项"对话框。

副本数是指可选择依次复制的数量。

② 镜像复制　点击镜像按钮，会出现"镜像：屏幕 坐标"对话框。

选择镜像轴，可使物体沿着轴方向进行镜像，调整偏移值，可以改变物体之间的间距。配合 Ctrl 键可加速调节。

●【复制】：即完全独立，不受原始物体的任何影响。

●【关联】：对它和原始物体中的一个进行修改，都会同时影响到另一个。

●【参考】：即单向的关联，对原始物体的修改都会同时影响到另一个物体，但复制品自身修改不会影响到原始物体。

4）对齐的命令按钮　对齐就是移动选择物体，使其与其他的物体具有相同的 X、Y 或 Z 坐标。

① 普通对齐方式　对齐命令的对话框如图 14-41 所示。

图 14-41　"对齐当前选择"对话框

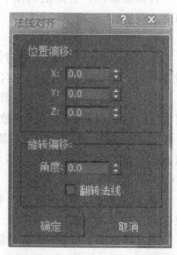

图 14-42　"法线对齐"对话框

●【对齐位置】：根据当前的参考坐标系来确定对齐方式。

●【目标对象】：用来确定目标对象与当前对象对齐的方式。

●【对齐方向】：确定方向对齐所依据的坐标轴向。

●【匹配比例】：将目标物体的放缩比例沿指定坐标施加到当前物体上。

② 法线对齐　可以使两个物体沿着指定的表面进行相切，相切分为内切和外切。法线对齐的对话框如图14-42所示。

●【位置偏移】：用来确定物体按法线对齐后沿着不同坐标轴移动的距离。

●【旋转偏移】：调节沿着法线轴向旋转角度。

●【翻转法线】：可以产生内切的效果。

③ 放置高光点　通过放置高光不但可以在物体表面的特定点产生特殊高光，还可以方便地使物体反射表面的指定点反射灯光。

④ 摄影机对齐　通过摄影机的对齐可以使人们比较容易地观察想要观察的位置。

目标摄影机：把物体放置在需要与摄影机对齐的表面上。

自由摄影机：它是把视图平面的中心放置在需要与摄影机对齐的面法线上。

注：执行后不允许再作调整。

⑤ 视图对齐　将指定物体的自身坐标轴与当前的视图平面对齐（当一个物体创建后，它自身的坐标轴与世界坐标系相一致）。

5）材质编辑器　材质编辑器 由四部分组成，分别是样本窗、工具栏、材质名称栏、参数控制区。

① 样本窗　将光标指向材质样本（最多可达24个材质球）点击鼠标右键，有移动复制、移动旋转、旋转复位、选项、放大、3×2排列。

●【热材质】：是指已经出现在场景中的材质，并与场景中对象有同步关系。

●【冷材质】：与场景中对象没有同步关系的材质。

② 工具栏　工具栏的按钮如图14-43所示。

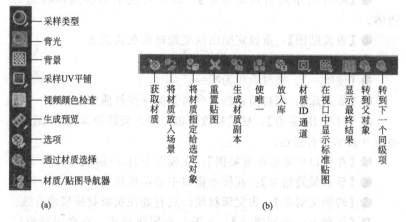

采样类型
背光
背景
采样UV平铺
视频颜色检查
生成预览
选项
通过材质选择
材质/贴图导航器

(a)

获取材质
将材质放入场景
将材质指定给选定对象
重置贴图
生成材质副本
使唯一
放入库
材质ID通道
在视口中显示标准贴图
显示最终结果
转到父对象
转到下一个同级项

(b)

图 14-43　工具栏的按钮

●【样本类型】：控制样本的形态，选择适合几何体预测渲染质量。

●【背光】：在材质样本的下面和后面设置辅助光源，以增加背光效果。

●【背景】：增加一个彩色方格背景，用于透明材质和不透明贴图效果调节。

●【采样 UV 平铺】：用来测试贴图重复的效果，对材质本身没有影响。

●【视频颜色检查】：用来检查材质表面色彩是否超过视频限制，超过这种限制输出效果差，并在材质球上以黑色表示。

●【生成预览】：用来创建被激活样本球的动画预览。

●【选项】：可以访问包含材质编辑器全部选项的对话框。

●【通过材质选择】：它可以将场景中所有赋有该材质的物体一同选择。

●【材质/贴图导航器】：用来显示贴图材质。

●【获取材质】：可以选择需要的材质和贴图。

●【将材质放入场景】：放置材质到场景中，替换缺省值变成同步材质。

●【将材质指定给选定对象】：指定材质给当前选择状态的物体。

●【重置贴图】：重设定贴图恢复到材质默认设置。

●【生成材质副本】：取消热材质。

●【使唯一】：把材质作为唯一。

●【放入库】：把材质重新命令名并保存在材质库中。

●【材质 ID 通道】：材质特效通道，设置最终效果的 ID 通道，通道 0 表示没有通道。

●【在视口中显示标准贴图】：在视图中显示贴图。

●【显示最终结果】：在样本窗口中显示最终效果。

●【转到父对象】：去父级材质，只有处在次级材质层才有效。

●【转到下一个同级项】：去下一个同级材质，在次级材质层中还有其他材质。可以移到另一个同级材质中。

③ 材质名称栏　主要用来显示当前材质或贴图名称。吸管可用于从场景中的对象获取材质。

材质名称栏的下拉列表框是用来显示材质或贴图名称的，用户可以修改或输入材质或贴图的名称。名称列表框右边的按钮显示的是当前材质或贴图的类型。

④ 参数栏　3d Max 2011 的参数栏中共有 7 个卷展栏。

6）渲染工具　使用 3d Max 自带的渲染工具，可以快速对场景进行渲染处理，以获得场景的原始图片效果。

可以在该对话框内设置渲染场景的各个参数，例如动画的输出时间、动画的大小以及画面的质量等。场景中的细节表达越丰富，画面的质量要求越高，则渲染的时间越慢。

（2）命令面板的基本操作

1）命令面板的基本操作　命令面板汇集了建模过程中会用到的所有命令按钮。包括二维物体的建模三维物体的建模以及灯光、摄影机的设置等。在园林景观效果图的制作中，最常用到的是创建和修改这两个命令面板。

2）创建命令面板

◉几何体：包括可创建长方体、圆锥体、球体、几何球体等

10种基本的几何体模型。

■图形：即指创建二维的图形，如果要对二维物体进行三维立体化处理，可进入修改面板进行命令操作。创建图形可创建线、矩形、圆形、椭圆等11种图形。

■灯光：包括目标灯光、自由灯光和 mr sky 门户三种。

■摄影机：摄影机是对场景进行角度刻画的工具，包括，目标和自由两种形式。

图14-44　修改命令面板

3）修改命令面板　图14-44是修改命令面板在未选中物体时的基本样式，当选中要修改某一物体时，就会出现该物体的名称以及详细的修改操作命令。

14.3.3　园林小品效果图的制作

（1）园林效果图制作过程概述

鸟瞰效果图是表现园林规划的一种比较理想的方式，它通过透视感极强的三维空间，清楚地表现出园林建筑之间的形体及建筑与环境之间的关系，同时还能反映出建筑色彩的整体协调程度，以及园林各设施之间的关系、园林绿化的效果。因此，这里只以园林鸟瞰效果图的制作来说明园林效果图制作的一般流程。

1）设计图纸分析　鸟瞰效果图的制作内容比较多，因此正式制作之前一定要仔细阅读设计图纸，划分制作内容，规划好整个制作流程。

2）描绘 CAD 图形并输出到 3D　一般地，鸟瞰效果图制作都是先从 CAD 中输出平面图成 ".dwg" 格式文件到 3D 中，然后在 3D 中将平面图"拉伸"成竖向三维形式。用 3ds Max 制作模型的基本思想是由整体至细部，逐步细化。

在 3D 制作的这个过程中要遵循的原则，见表14-1。

表 14-1　3D 制作的过程

序号	原则	原　因
1	要强调建模的精确性	在制作效果图时,CAD 文件置入是为了保证建模的精确性。特别是室外园林效果图的制作,如果没有 CAD 文件,很难做到模糊不失真,但是并不是说,没有 CAD 文件就不能制作效果图了
2	在满足结构要求的前提下	应该尽可能减少模型的点面数。点面数越低,对于场景来说就意味着渲染速度越快。这样可以使模型得到优化,提高工作效率
3	使用最容易控制的建模方法进行建模	3ds Max 的建模方法比较多,同样一个效果可以有多种实现方法。建模方法的选择取决于是否便于修改,因此,选择最容易控制、最容易修改的方法是提高工作效率的有力保障
4	"远粗近细、不见不建"	"远粗近细"是指距离观察点远的造型可以制作得粗糙一些,距离观察点近的造型要制作得精细一些。这样既能够满足精度的需要,又可以尽可能地减少造型的面数 "不见不建"是指对于看不见的部分,如建筑的背立面、侧立面等模型,都可以省略,不制作模型

3D 制作的过程,见表 14-2。

表 14-2　3D 制作的过程

序号	步骤	操作方法
1	园林景观地形的制作	园林效果图的制作,是将从 CAD 中输出的图形在 3ds Max 中拉伸制作的,而将主要的工作量——描线,放在 CAD 中进行。这样可以充分利用各种软件的专长,最大限度地减少工作量,并确保了模型的精确程度
2	建筑、小品、设施等建模	—
3	整合阶段	将制作好的建筑、小品等设施用合并命令,将其合并到地形场景中的相应位置
4	材质的制作	园林效果图材质的制作主要包括主路面材质、路沿材质、人行道材质、硬质铺装材质、绿地材质的制作。在制作时需要注意,大型场景中物体使用的贴图坐标不能过小,否则可能会因为纹理过细而无法正确渲染,出现材质色斑的现象

序号	步骤	操作方法
5	摄影机及灯光的设置	鸟瞰效果图的摄影机和灯光的设置,与一般正常视点摄影机、灯光的设置略有区别。在鸟瞰效果图中,一般情况下都使用镜头大于43mm的窄镜头,以减轻图像的透视变形;而且一定要将摄影机的视点升高,形成表现力极强的三点透视,使建筑与环境(道路、绿化、院落、广场、河流等)及建筑群之间的关系一目了然

3)效果图的渲染输出　在 3ds Max 中渲染输出并保存为 .tga 格式,以便可以调入 Photoshop 中进行以后的后期处理。

4)园林效果图的后期处理　鸟瞰效果图的后期处理较为复杂,一般包括裁图、调整图像品质、制作背景、添加树木和灌木等绿地植物,另外还要添加人物、汽车等配景,以及鸟瞰效果图的景深效果的制作,最后还要对整张图进行色彩、明暗等方面的协调处理。有时,如果鸟瞰效果图的场景很大,如果将所有的造型一起渲染,需要很长的渲染时间,而且建筑与地形连在一起,也不利于后期环境的制作。可以将建筑和地形分类渲染,并可将渲染的任务分流到其他计算机上,节省制作时间。

下面以园桥和石桌、石凳的制作为例,来了解 3ds Max 软件的使用。

(2)园桥的制作

园桥是园林景观设计中常见的一种建筑类型,通常表现出古朴、坚实的建筑风格,与周围的水体、环境相拥,形成一种独特的园林景观。下面以一个简单的实例来说明园桥的制作方法。要制作的园桥形态如图 14-45 所示。

图 14-45　园桥

1)园桥模型的制作

① 重新初始化 3ds Max 2011 系统。按照前面的方法将系统度量单位设置为 mm。

② 单击 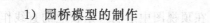 工具,在左视图中绘制一弧形曲线,

选中该曲线并且右击，选择弹出菜单中的［转换为］中的［转换为可编辑样条曲线］选项，为该曲线加一可编辑样条曲线修改命令，并且选择其［样条线］次物体级，为其加一［轮廓］命令，并且设其值为250，回车确认。产生如图 14-46 所示形态的轮廓曲线。

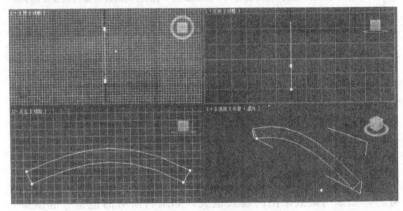

图 14-46　轮廓曲线

③ 在顶视图中绘制一条直接，作为桥的横截面放样路径，然后选择桥身轮廓曲线，为其加一［Loft］命令，在［Loft］命令面板中点击［拾取路径］按钮，选择刚才绘制的直线，进行放样桥身，得到如图 14-47 所示的效果。

图 14-47　进行放样桥身后的效果　　　图 14-48　放样桥的外沿后的效果

④ 接下来放样桥的外沿。在顶视图中绘制一条较短的直线作为其放样路径。然后选择原来的轮廓曲线，再为其加一［Loft］放样命令，这次以这条短直线为放样路径，然后按住"Shift"键用移动工具拖动得到的外沿物体至适当位置复制加一边的外沿，得到

如图 14-48 所示的效果。

⑤ 下面开始制作桥栏杆。在顶视图中使用［长方形］工具绘制一正方形，然后为其加一［倒角命令］，其下拉面板中各项参数设置如图 14-49 所示，得到如图 14-50 所示的栏杆形态。

图 14-49 "倒角值" 面板

图 14-50 栏杆形态

⑥ 沿桥身方向绘制一条曲线，作为栏杆阵列的路径。然后选择桥栏杆，选择［工具］/［对齐］/［间隔工具］命令，在弹出的［间隔工具］对话框中点击 **拾取路径** 按钮，并且选择刚才绘制的路径，［计数］数值设为 10，然后点击［应用］按钮确认，把原栏杆删除，得到如图 14-51 所示的形态。

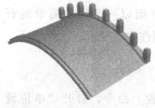

图 14-51 删除原栏杆的效果

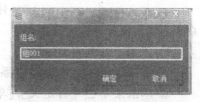

图 14-52 "组" 对话框

⑦ 选择所有的栏杆，然后选择［组］菜单中的［成组］命令，弹出如图 14-52 所示的对话框，在其中输入组名称后确认，将所有的栏杆编为一组，以方便以后的选择修改操作。最后选择该栏杆级，并且按住 "Shift" 键拖动鼠标复制另一边的栏杆，得到如

图 14-53 所示的效果。

⑧ 最后制作栏杆中间的横梁。用同样的放样方法绘制横梁，这里不再重复，最后效果如图 14-54 所示。

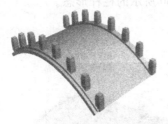

图 14-53　制作两边栏杆的效果图

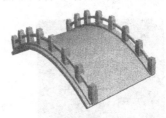

图 14-54　制作完成横梁后的效果图

2）材质的制作

① 选中所有物体，按"M"键打开材质编辑器，将［漫反射］贴图设置为配置光盘中的"木材035.jpg"图像文件，设置高光和衰减值，并且设置其他参数。

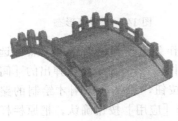

图 14-55　将材质赋予物体后的效果图

② 将材质赋予物体后，最后渲染得到如图 14-55 所示的效果。

（3）石桌、石凳的制作

石桌、石凳一般设立于广场、铺装等休闲场所，以便于人们的休憩。下面以一个比较简单的石桌、石椅的制作来向大家讲述其一般的制作方法及过程。

1）石桌、石凳模型的制作

① 重新设定 3ds Max 2011 系统。

② 单击菜单栏［自定义］/［单位设置］命令，打开"单位设置"对话框。在对话框的［米］栏中设置系统度量单位为［毫米］，然后单击［确定］确认。

③ 回到视图窗口中，单击 ✿/○/▇圆柱体▇创建一［高度］为100，［半径］为 600 的圆柱体，作为石桌的桌面，形态如图 14-56 所示。

④ 单击修改命令面板中的/修改器列表，选择下拉列表中的［锥化］命令，在其［参数］展卷栏中，设置各项参数。产生效果如图 14-57 所示。

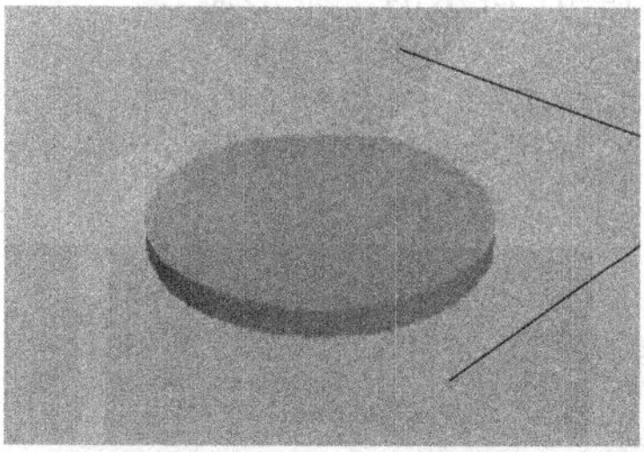

图 14-56　石桌的桌面

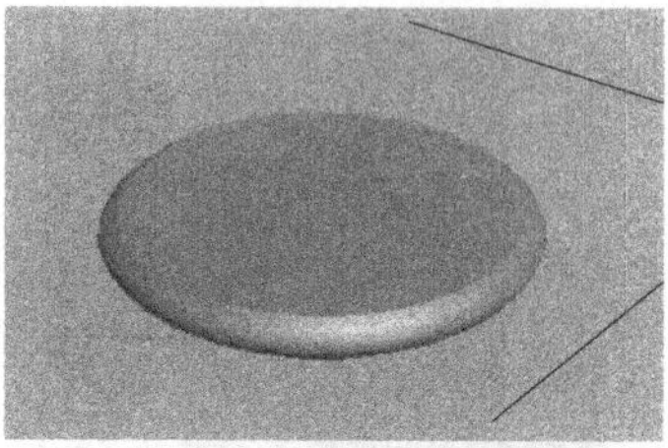

图 14-57　“锥化”后的效果图

⑤ 下面开始绘制石桌的基座部分。单击//线，在前视图中绘制如图 14-58 所示形态的线段。

⑥ 单击修改命令面板中的/修改器列表，选择下拉列表中的［车削］命令，为刚才绘制的曲线加一［车削］命令，在其面板［参数］设置［对齐］方式为［最小］，产生如图 14-59 所示的效果。

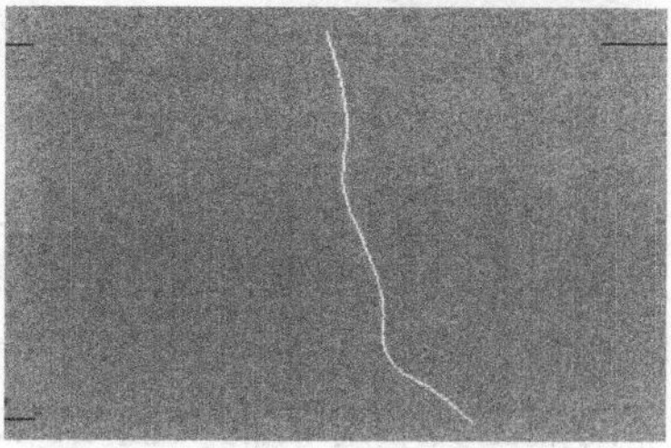

图 14-58　绘制线段

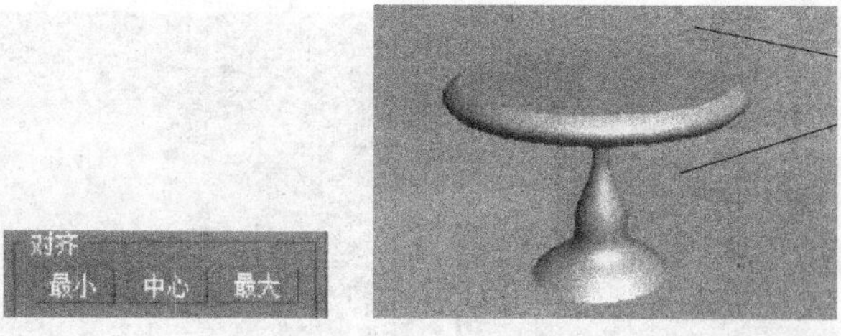

图 14-59　车削

⑦ 下面我们开始制作石凳模型。单击//圆柱体创建一

[高度] 为 450，[半径] 为 175 的圆柱体。

⑧ 选择刚创建的圆柱体，单击修改命令面板中的 / 修改器列表 ▼|，选择下拉列表中的 [锥化] 命令，调整其参数面板如图 14-60 所示，得到如图 14-61 所示的三维形态。

图 14-60　"参数"面板

图 14-61　三维形态

⑨ 以圆桌的中心为中心，以其中心到座椅中心为半径创建一圆形，作为以后阵列的路径。形态如图 14-62 所示。选择创建的座椅模型，然后选择 [工具]/[对齐]/[间隔工具] 命令，在弹出的 [间隔工具] 对话框（图 14-63）中点击 [拾取点] 按钮，并且设置 [计数] 数目为 6，点击 [应用] 确认应用，来对刚创建的座椅进行阵列复制 5 个相同的物体，最后将圆形路径和原座椅

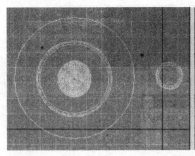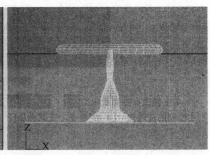

图 14-62　创建圆形

删除即可。

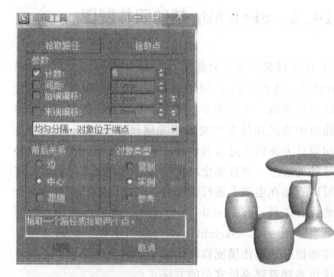

图 14-63 "间隔工具"对话框　　　　图 14-64　渲染

⑩ 最后对创建的桌凳进行渲染，效果如图 14-64 所示。

2) 材质的制作及赋予

① 选中所有的物体，然后点击键盘上的"M"键，打开 [材质编辑器] 窗口，选中一个样本槽，将配套光盘中的"自然石199.jpg"作为 [漫反射] 材质，其他设置项如图 14-65 所示。

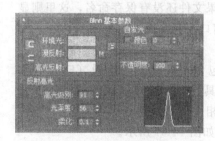

图 14-65　基本参数

图 14-66　最终效果图

② 渲染石桌、石椅，最终效果如图 14-66 所示。

14.4 SketchUp 辅助园林制图

SketchUp 中文译名"草图大师",是一款用于创建、共享和展示 3D 模型的软件。建模不同于 3ds max,它是平面建模。它通过一个简单而详尽的颜色、线条和文本提示指导系统,让人们不必键入坐标,就能帮助其跟踪位置和完成相关建模操作。SketchUp 是一套直接面向设计方案创作过程的设计工具。其创作过程不仅能够充分表达设计师的思想,而且完全满足与客户即时交流的需要,它使得设计师可以直接在电脑上进行十分直观的构思,是三维建筑设计方案创作的优秀工具。在 SketchUp 中建立三维模型就像我们使用铅笔在图纸上作图一般,SketchUp 本身能自动识别你的这些线条,加以自动捕捉。它的建模流程简单明了,就是画线成面,而后挤压成型,这也是建筑建模最常用的方法。

本文以 SketchUp8.0 为例进行介绍。

14.4.1 SketchUp 的工作界面

第一次启动 SketchUp 8.0,显示的是 SketchUp 的初始界面。

(1) 标题栏

标题栏位于界面的最顶部,最左端是 SketchUp 的标志,往右依次是当前编辑的文件名称(如果文件还没有保存命名,这里则显示为"无标题")、软件版本和窗口控制按钮。

(2) 菜单栏

菜单栏位于标题栏下面,包含文件(F)、编辑(E)、查看(V)、相机(C)、绘图(D)、工具(T)、窗口(W)、帮助(H)。打开各菜单的快捷方式为 Alt+相应下划线字母。在安装插件后,还会出现插件(Plugins)菜单,如图 14-67 所示。

文件(F) 编辑(E) 查看(V) 相机(C) 绘图(D) 工具(T) 窗口(W) Plugins 帮助(H)

图 14-67 菜单栏

（3）绘图区

绘图区又叫绘图窗口，占据了界面中最大的区域，在这里可以创建和编辑模型，也可以对视图进行调整。在绘图窗口中还可以看到绘图坐标轴，分别用红、绿、蓝三色显示。

（4）数值控制框及状态栏

① 数值控制框　绘图区的右下方是数值控制框，这里会显示绘图过程中的尺寸信息，也可以接受键盘输入的数值，可反复输入，按回车键确认数值，以最后一次输入的数值为准。数值控制框支持所有的绘制工具。

② 状态栏　状态栏位于绘图窗口的底部。状态栏左侧显示当前命令的提示信息和相关功能键。所做的操作不同时，提示信息也会不同。通常情况下，这些信息是对命令和工具做出的描绘和解释。

（5）工具栏

工具栏位于菜单的下方，在应用程序的左侧包含一组用户定义的工具和控件。工具栏的可见性由"视图""工具栏"菜单项进行切换控制。

提示：在第一次运行 SketchUp 时，只会显示"开始"和"Google"工具栏。可以使用"视图"菜单中的"工具栏"菜单打开其他工具栏，如图 14-68 所示。

14.4.2　SketchUp 的基本工具

（1）"常用"工具栏

包含了"选择""制作组件""材质填充"和"删除"工具，如图 14-69 所示。它们是 SketchUp 中最基本、最常用、最强大的工具。

（2）"绘图"工具栏

"绘图"工具栏包含了"矩形""线""圆""圆弧""多边形""徒手画笔"6 个工具，如图 14-70 所示。

（3）"编辑"工具栏

"编辑"工具栏包括"移动/复制""推/拉""旋转""跟随路

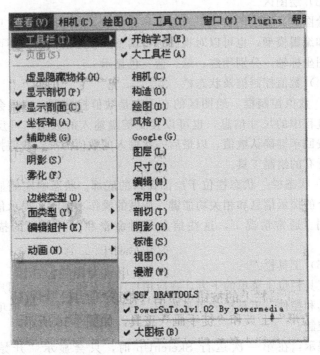

图 14-68　工具栏

选择————————————————制作组件

材质填充————————————————删除

图 14-69　"常用"工具栏

径""缩放""偏移复制",如图 14-71 所示。

（4）"构造"工具栏

"构造"工具栏包括"测量距离""尺寸标注""量角器""文字标注""坐标轴""3D 文字"6 个工具,如图 14-72 所示。

图 14-70 "绘图"工具栏

矩形 —— 线
圆 —— 圆弧
多边形 —— 徒手画笔

图 14-71 "编辑"工具栏

移动/复制 —— 推/拉
旋转 —— 跟随路径
缩放 —— 偏移复制

图 14-72 "构造"工具栏

测量距离 —— 尺寸标注
量角器 —— 文字标注
坐标轴 —— 3D文字

（5）"相机"工具栏

在 SketchUp 中，用户可以通过旋转、移动视图等操作来观察模型的各个面，从而真正融入到模型的三维世界中，这就用到了 SketchUp 的相机工具。

勾选菜单栏中"视图"或"工具栏"或"相机（C）"调出"相机"工具栏。

"相机"工具栏包含了 7 个工具，分别为"视图旋转"工具 ⚘、"视图平移"工具 ✋、"视图缩放"工具 🔍、"视图窗选放大"工具 🔍、"回到上一视图"工具 🔍、"回到下一视图"工具 🔍 以及"充满视窗"工具 ✕，如图 14-73 所示。

图 14-73　"相机"工具栏　　　　　图 14-74　"漫游"工具栏

（6）"漫游"工具栏

勾选"视图"或"工具栏"或"漫游"，调出"漫游"工具栏，该工具栏可以让用户像散步一样移动着观察模型，包含 3 个工具，分别为"相机位置"工具、"漫游"工具、"绕轴旋转"工具，如图 14-74 所示。

（7）"剖切"工具栏

SketchUp 中，"剖切"工具为用户提供了观察模型内部空间、制作剖面图等的可能性，让模型内部空间的制作更加便捷。

勾选菜单栏中"视图"或"工具栏"或"剖切（T）"，调出"剖切"工具栏。

该工具栏中包括"添加剖切面"按钮、"剖切面显示"按钮、"剖切效果显示"按钮 3 个工具，如图 14-75 所示。

　　　　　————剖切效果显示

添加剖　剖切面
切面　　显示

图 14-75　"剖切"工具栏　　　　　图 14-76　视图

（8）视图与透视

① 视图　勾选菜单栏中"视图"或"工具栏"（V），调出"视图"工具栏。该工具栏中包括"等角透视"工具、"顶视图"工具、"前视图"工具、"右视图"工具、"后视图"工具和"左视图"工具，如图 14-76 所示。

在模型绘制中，可以根据需要切换到不同的视图方式，如绘制平面图时，一般选择"顶视图"模式，绘制剖立面图时可选择"前视图"工具、"右视图"工具、"后视图"工具或"左视图"工具。

② 透视　在 SketchUp 的"相机"工具栏中，为用户提供了三种透视模式，分别为"平行投影显示""透视显示""两点透视"，如图 14-77 所示。其中，"平行投影显示"即轴测模式，"透视显示"为 SketchUp默认的透视模式。

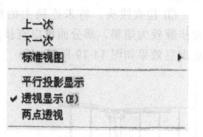

图 14-77　透视

透视模式是三点透视，当视线处于水平状态时，会生成两点透视。该模式是对人眼观察物体方式的模拟，在透视模式下，用户可以通过一个视点观察物体，而模型中的平行线会消失于灭点处，所显示的物体会有透视变形及近大远小的效果，看上去比较真实。透视模式下导出的矢量图不能正确测量长度和角度，同时也不能按照比例进行打印。

轴测模式是模型的三向投影图。在该模式中，所有的平行线在视图中保持平行，不会有近大远小的透视感，轴测模式导出的矢量图可以准确测量线段长度，打印时也有相同的尺度。

"两点透视"命令的优势是无论怎样平移，焦距都不变，这样可以让模型轻松地在视图中居中显示。在使用此命令时，借助相机位置工具、漫游工具等可将视图调整到最合适的观察位置。

14.4.3　制图实例

（1）园林大门的制作

大门是一个园区的门面，精彩的大门效果可以给园区的景观起到画龙点睛的作用，下面以实例介绍大门的 SketchUp 模型制作过程。

① 执行［文件］/［导入］命令，导入光盘中的 CAD 文件"大门.dwg"，然后执行［文件］/［存储］命令，将文件存为"大门模

型.skp",如图 14-78 所示。

② 检查导入的线条有无丢失或者不共面等问题,并根据需要进行修正。

③ 检查线头,将未连接上的部分连上,将大门区域生成面。此步骤较为烦琐,部分面可以直接用"生成面"插件直接生成,生成面后效果如图 14-79 所示。

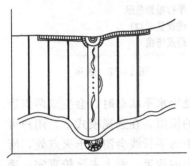

图 14-78　导入

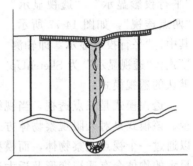

图 14-79　生成效果图

④ 在出入口左侧画出接待处的平面图,先利用"矩形"工具画出长和宽均为 6m 的正方形,再利用"直线"工具,在图示位置切出一个斜边。选中方形中多余的角删除,效果如图 14-80 所示。

图 14-80　在出入口左侧画出接待处的平面图

⑤ 将视图转换到等角透视,使用"移动"及"旋转"工具将接待处放大到合适位置进行编辑。选中接待处平面,用"推/拉"工具拉出其高度,在数值控制框中输入 3.8m。

⑥ 制作接待处的门窗,利用"测量"工具,以视角正对的长方形左下点为起点,沿垂直边量出 1.2m,再向上依次量出 1.6m、0.1m、0.1m,右侧垂直线做相同处理,将两侧点连接;再沿所画的第三条线量出 0.2m 的距离,并连接各点,如图 14-81 所示。

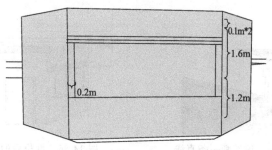

图 14-81　制作接待处的门窗

切换到"推/拉"工具，将中央大的矩形框向内推 0.15m，再切换到"偏移复制"工具，捕捉到中央大的矩形面后点击鼠标左键确定，然后向内移动鼠标并在数值框中输入 0.08，按回车键确定，效果如图 14-82 所示。

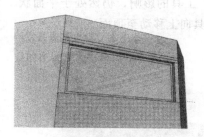

图 14-82　效果图

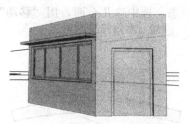

图 14-83　制作"门""窗""雨篷"

将矩形框等分为四份，通过"复制偏移""推/拉"工具制作出窗框，然后用"推/拉"工具将挡雨棚拉出 0.5m，利用上述方法在右侧墙体上制作出门，如图 14-83 所示。

⑦ 在窗子左侧，沿蓝轴方向拉出一条方形柱子，如图 14-84 所示，在柱子顶端适当位置画一条直线，如图 14-85 所示，然后

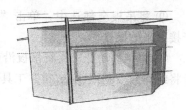

图 14-84　沿蓝轴拉出
一条方形柱子

再选中小方块面域沿绿轴推拉，直至推拉到图 14-86 所示形状。

14　计算机辅助园林制图

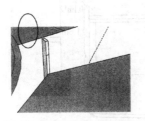

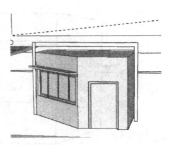

图 14-85　顶端画一条直线　　　　　图 14-86　推拉后的形状

⑧ 制作大门的吊板部分。切换到顶视图，在视图中空白位置画一段 26m 长的圆弧，将其偏移 1.8m，然后用直线工具将两端连接，生成面，如图 14-87 所示。用"推/拉"工具拉出高度 0.2m，再用"复制偏移"工具向外偏移 0.1，然后再偏移至如图 14-88 所示（在画圆的部分，不受"推/拉"工具的影响，仍然处于平面状态，选中这几个面，用"移动"工具向上移动至顶面）。

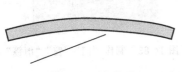

图 14-87　生成面　　　　　　　图 14-88　偏移后效果

⑨ 将吊板全部选中，单击"创建组件"工具，创建成组，便于接下来的操作。

⑩ 用"移动"工具将吊板沿蓝轴向上移动 5.5m，右键单击鼠标将组炸开，利用"推/拉"工具画出支柱，如图 14-89 所示。

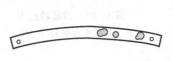

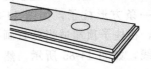

图 14-89　吊板移动

⑪ 至此，大门的模型制作基本完成，下面开始贴材质，使模型更加真实。激活"材质"工具，选择合适的贴图对模型进行材质的粘贴，效果如图14-90所示。

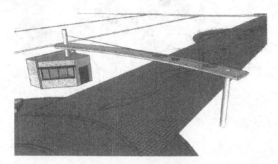

图14-90　效果图

⑫ 对大门周边环境进行适当处理，并添加植物，使景观更加丰富，再导入PS进行其他效果的处理，就最终完成了。

（2）大面积园林绿化制作

在处理大型的规划类项目时，如果应用2D的植物，鸟瞰效果不好，如果应用3D的植物，模型量太大，树的放置也有一定的问题，所以大场景的模型绿化通常是让大家非常头痛的操作。

在规划平面图中，通常运用云线来表示绿化或者树阵，在SketchUp模型中，可以应用树PNG贴图的透明材质效果来体现，这样可以迅速完成大面积园林绿化，并可以给人们带来更为直观的感受。

以图14-84为例，欲在此基础上完成大面积绿化，具体操作步骤如下。

1）将模型调成顶视图模式，导出PNG贴图文件，如图14-91所示。

2）将贴图导入Photoshop进行相应的处理，绘制绿化部分的平面效果。

① 选择"铅笔"工具，右键选择"湿介质画笔"，以这支画笔为基础，进行绘制工作。

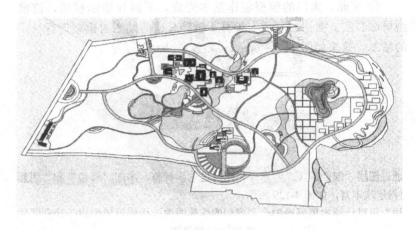

图 14-91　大面积园林绿化图

②通过 F5 键调出"画笔控制面板",对这支画笔的各项属性进行调整,其中,"散布"是有效控制画笔中圆点的分布状态的关键,调整至画笔的笔触很像自然状态下散布的树林即可。

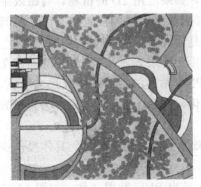

图 14-92　建立单独的绿化图层

③建立单独的绿化图层,选择颜色,用这支画笔在需要绿化的地方涂抹,在涂抹过程中要注意控制画笔的走向,使平面自然而不死板,可以不时地轻点几笔,模拟自然种植效果,如图 14-92 所示。

④通过图层"混合选项",对绿化图层进一步调整,增加"描边"和"阴影"效果,让画面显得层次丰富。

"描边"可以让树木更好地融合到规划的线稿图中,由铅笔绘制出干净利落的边缘,在描边的时候会形成清晰的轮廓。选择不同的描边"位置"会产生不同的效果:选择"外部"会让树形饱满,适用于城市中的规划平面,如图 14-93 所示;选择"内部"则会让绿化充满不确定性的变化，更适合景区或自然性的规划项目，如图 14-94 所示。

图 14-93 "外部"后效果　　　　　　图 14-94 "内部"后效果

⑤ 根据不同的设计要求和设计风格，将绿化图层进行一系列的个性化处理之后，得到如图 14-95 所示效果。

图 14-95 效果图

⑥ 将绿化图层单独输出，存为 PNG 格式图像。

3）在 SketchUp 中导入贴图，调整好贴图的位置和大小，使贴图与原模型很好地叠加在一起，如图 14-96 所示。

此时的绿化贴图缺乏立体感，过于平面化。以一定长度（0.5～1m）为间距在蓝轴上复制若干个绿化贴图，就会出现立体的效果，如图 14-97 所示。

如果发现贴图中的树阵边缘出现了白边，可以选择［窗口］/

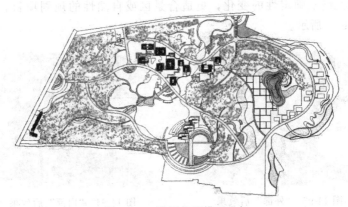

图 14-96　贴图与原模型叠加

图 14-97　立体效果图

［风格］，在"风格"面板中调整透明度的级别至合适为止。

这样一片大面积园林绿化就完成了，可以在场景中增添行道树和孤植特色植物，丰富画面，使画面更加生动逼真。

思　考　题

1. AutoCAD 应该如何保存图形文件？

2. 请举例说明，应该如何使用 AutoCAD 进行施工平面图的绘制？

3. Photoshop CS5 工具箱中都包含了哪些工具？

4. Photoshop CS5 如何进行水体的制作？

5. 3d Max 2011 的命令面板应该如何进行操作？

6. SketchUp 都有哪些基本工具？

7. 通过 SketchUp 如何进行园林大门的制作？

参 考 文 献

[1] 国家技术监督局.CJJ/T 67—2015 风景园林制图标准 [S]. 北京：中国标准出版社，1994.

[2] 中华人民共和国住房和城乡建设部.GB/T 50103—2010 总图制图标准 [S]. 北京：中国建筑工业出版社，2011.

[3] 吴机际. 园林工程制图 [M]. 广州：华南理工大学出版社，2006.

[4] 常会宁. 园林制图 [M]. 北京：中国农业大学出版社，2007.

[5] 梁玉成. 建筑识图 [M]. 北京：中国环境科学出版社，2007.

[6] 黄晖，王云云. 园林制图 [M]. 重庆：重庆大学出版社，2006.

[7] 张淑英. 园林工程制图 [M]. 北京：高等教育出版社，2005.

[8] 谷康. 园林制图与识图 [M]. 南京：东南大学出版社，2001.

[9] 任全伟. 园林景观手绘表现技法 [M]. 北京：科学出版社，2009.

[10] 王晓俊. 风景园林设计 [M]. 南京：江苏科学技术出版社，2000.

[11] 李承军，胡仁喜.AutoCAD 2011 中文版实用教程 [M]. 北京：机械工业出版社，2010.

[12] 鲁英灿，康玉芬.Sketch Up 设计大师入门 [M]. 北京：清华大学出版社，2011.

[13] 曲梅. 园林计算机辅助设计 [M]. 北京：中国农业大学出版社，2010.